EINIGE BEMERKUNGEN ÜBER DIE UNTERSUCHUNGSMETHODEN DER GROSSHIRNRINDE, INSBESONDERE DES MENSCHEN.

DEM ZENTRALKOMITEE FÜR HIRNFORSCHUNG VORGELEGT

VON

PAUL FLECHSIG.

Abdruck aus den Berichten der mathematisch-physischen Klasse der Königl. Sächs. Gesellschaft der Wissenschaften zu Leipzig.

Sitzung vom 11. Januar 1904.

Indem ich mir gestatte, dem Zentralkomitee einige Vorschläge für die „Diskussion der Mittel zur Förderung der Hirnanatomie“ zu unterbreiten, verhehle ich mir nicht, daß meinen Ausführungen von vornherein der Charakter der Einseitigkeit insofern anhaftet, als ich mich im wesentlichen auf die Gesichtspunkte stütze, welche die *von mir eingeführte und vorherrschend geübte „myelogenetische“* Untersuchungsmethode darbietet. Ich befürchte indes hiervon keine wesentlichen Nachteile für die Diskussion, da ja die Herren Mitglieder der Zentralkommission wie der Fachsektionen Gelegenheit haben werden, abweichende Standpunkte zu begründen bezw. von ihren Spezialarbeitsgebieten her ergänzende Vorschläge zu machen, mit denen sich die nachfolgenden werden in Beziehung bringen lassen. Aus meinen Darlegungen wird, wie ich hoffe, nicht nur hervorgehen, inwiefern ein Zusammenwirken zahlreicher Kräfte notwendig ist, um den schon jetzt klar erkennbaren Zielen der Hirnanatomie merklich näherzukommen, sondern vor allem daß eine fruchtbringende Kooperation wirklich durchführbar erscheint.

Nach Beschluß der Pariser Versammlung soll angestrebt werden:

1. Entwickelung der Untersuchungsmethoden,
2. Sammlung von Beobachtungsmaterial.

Ich möchte zu 1. noch hinzufügen: Vermittlung der richtigen Wertschätzung der einzelnen Untersuchungsmethoden und als weitere Aufgabe hinstellen

3. den Hinweis auf solche Lücken in den Forschungsmethoden, welche den konsequenten Ausbau der Hirnlehre in besonders fühlbarer Weise hemmen. Ich werde bei meiner Diskussion dieser Punkte immer die *Großhirnrinde* in den Vordergrund stellen und (wegen seines überragenden Interesses) vor allem das *menschliche* Organ berücksichtigen. Was sich hier *Methodisches* sagen läßt, gilt ja implizite für die übrigen Abschnitte der nervösen Zentralorgane und für die Wirbeltiere überhaupt. Ich glaube aber auch annehmen zu dürfen, daß bei den vereinigten Akademien die Bedeutung des Gehirns für das *geistige Leben* nebst den hieraus resultierenden Bedürfnissen der *wissenschaftlichen Psychologie* das wesentlichste Motiv gebildet hat, um die Gehirnanatomie in das allgemeine Arbeitsprogramm aufzunehmen. Angesichts der Tatsache, daß eine vorläufig fast unübersehbare Zahl von Stufen von den ersten Anfängen einer Hirnbildung bis zum vollkommensten Modell hinaufführt, liegt die Gefahr nahe, daß die Forschung im Streben nach Vollständigkeit sich ins Uferlose verliert, falls sie nicht planmäßig feste Zielpunkte von wirklicher Tragweite ins Auge faßt. Die menschliche Großhirnrinde, als Substrat der höchsten Erscheinungsform psychischen Lebens, stellt naturgemäß *einen* solchen Zielpunkt, ja man darf wohl sagen *das* natürliche Endziel der Hirnforschung wie der gesamten Hirnentwickelung dar.

I. Die histologischen Methoden.

Ich berühre hier lediglich *behufs Motivierung der Nomenklatur* ganz kurz die weitschichtige Frage nach den *Gewebselementen*, zumal deren Beantwortung zum guten Teil der allgemeinen Histologie zufällt. Die zur Myelogenese in Beziehung stehenden Differenzierungserscheinungen weisen entschieden auf die Zusammensetzung des Gehirns aus anatomischen Einheiten hin, welche sich wenigstens in der Hauptsache decken mit „Neuronen" im Sinne WALDEYERS. Mögen die ausgebildeten Neurone auch noch so viele Verbindungen untereinander eingehen; genetisch scheint mir ihre Selbständigkeit erwiesen, wie ich auch auf Grund meiner entwickelungsgeschichtlichen Untersuchungen an der einzelligen Entstehung selbst der längsten Nervenfasern *der Zentralorgane* konform der HISschen Neuroblastentheorie festhalten muß.

Die nächstliegende Aufgabe, eine Übersicht über *alle im Gehirn vorkommenden Neuronenformen* zu gewinnen, ist bereits erfolgreich in Angriff genommen worden. GOLGI, RAMON Y CAJAL, RETZIUS, MARTINOTTI u. A. haben hier besonders mittelst der Silbermethoden auf das umfänglichste vorgearbeitet. Die myelogenetische Gliederung weist (s. u.) unmittelbar darauf hin, wo speziell in der Großhirnrinde besondere Neuronenformen zu finden und gewährt für diese Untersuchungen *überaus wichtige, bisher noch nicht gewürdigte Fingerzeige.*

Der Vergleich aller übrigen grauen Massen der Zentralorgane erscheint notwendig, um die weittragende Frage nach der Existenz *spezifischer* Neuronenformen im cortex cerebri zu entscheiden. Hiermit sind auch Vorarbeiten für die Untersuchung gegeben, inwieweit irgend welche spezifische Zellformen als die eigentlichen Träger der *mit Bewußtsein* verknüpften zentralen Vorgänge zu betrachten sind. Die Verfolgung der allmählichen Herausbildung der Rindenelemente in der Tierreihe, speziell der von RAMON Y CAJAL geführte Nachweis, daß die Pyramidenzelle den ältesten Bestandteil der Rinde bildet, während die doppeltgebüschelten Zellen mit kurzem Achsenzylinderfortsatz phylogenetisch weit jünger sind, stellen eine überaus wichtige Etappe auf dem Weg nach jenem Ziel dar. Bezüglich der nicht minder umfänglichen Untersuchung der ontogenetischen Entwicklungsphasen der Rindenzellen möchte ich hervorheben, daß die myelogenetischen Differenzierungserscheinungen hier wertvolle Aufschlüsse gewähren, indem sie zeigen, daß die einzelnen Neurone bzw. Neuronengruppen in einer streng gesetzmäßigen zeitlichen Ordnung bzw. Reihenfolge hervortreten. Auch im Einzelhirn lassen die Neurone der Großhirnrinde überaus große Altersunterschiede erkennen je nach dem Ort, an welchem sie sich finden — woraus sich u. a. auch phylogenetisch wichtige Rückschlüsse ergeben.

Pathologische Erfahrungen (Intoxikationen) lassen auch an *besondere chemische* Eigenschaften der Rindenzellen verschiedenen *Alters* denken. Die Frage, welche Leistungen lediglich der *Formung*, einschließlich der sichtbaren Elementarstruktur, welche dem reinen Chemismus der nervösen Substanz zuzuschreiben sind, bleibt aber völlig unberührt. Die Leitungslehre tritt auch bei der Myelogenese unverhältnismäßig in den Vordergrund, obwohl sie die wichtigsten Probleme (wie Gedächtnis, Bewußtsein etc.) nur wenig zu klären vermag, die naturgemäße Folge der Tatsache, daß die Histochemie weit hinter der Morphologie zurückgeblieben ist.

Die Frage nach der *Verbindungsweise* der einzelnen Neurone, ob Kontinuität oder Kontiguität, führt, allgemein gestellt, zum Teil weit ab von der Hirnanatomie. Das gegenseitige Verhalten der Neurone in den *einzelnen* grauen Massen fällt aber notgedrungen lediglich der speziellen Cerebral-Histologie zu. Ich muß es mir versagen, hier auch nur die wichtigsten Gesichtspunkte, Errungenschaften, Methoden usw. zu berühren. Nur das möchte ich — weil vielfach übersehen — hervorheben, daß nach meiner speziellen Erfahrung für die Ganglienzellen der Großhirnrinde die von EHRLICH inaugurierte, von SEMI MEYER u. A. ausgebildete Anwendung des Methylenblau in vivo vielfach mehr als die GOLGIsche Methode geeignet ist, *übersichtliche* klare Bilder zu liefern.

Naturgemäß hat die Frage nach der Verbindungsweise der *kortikalen* Neurone ein ganz spezielles Interesse, insofern als sie identisch ist mit der Frage nach den sinnlich nachweisbaren Grundlagen der Einheit des psychischen Organs. Weit entfernt, hier Stellung zu nehmen zur Frage nach der sogenannten Einheit des Bewußtseins möchte ich behufs möglichst klarer Umschreibung der Aufgaben nicht unterlassen darauf hinzuweisen, daß es sich hier um Begriffe handelt, welche im wesentlichen allgemein physikalischer Natur sind. Schon die Frage, was überhaupt die Moleküle einer Zelle zur vitalen Einheit verbindet, ist ja für die Histologie transzendent. Die Annahme durchgehender Fibrillen würde eine *endgültige* Lösung des Problems der strukturellen Einheit des psychischen Organs schon deshalb nicht geben, weil noch der einheitliche Zusammenhang *aller* einzelnen Fibrillen zu erweisen sein würde, was ja tatsächlich unmöglich ist. Vom rein histologischen Standpunkt aus müssen wir die „Einheit“ der Großhirnrinde schon für erwiesen halten, falls es gelingt protoplasmatische Verschmelzungen der Neurone darzustellen.[1]) Auf Grund insbesondere der HELDschen Untersuchungen möchte ich annehmen, daß dieser Nachweis bereits vorliegt.

1) Eine solche Verschmelzung fehlt angeblich (KÖLLIKER u. A.) an den Spitzenfortsätzen der zahllosen Pyramidenzellen, welche im Stratum zonale ein überaus dichtes scheinbar in sich geschlossenes Netzwerk bilden. Andrenfalls würde man gerade hier ein über die *gesamte Hirnoberfläche* sich ausbreitendes die Mehrzahl der kortikalen Neurone einheitlich zusammenfassendes Band zu erblicken geneigt sein, zumal

II. Gröbere mikroskopische Anatomie (KÖLLIKER).

Die Zusammenhänge der Neurone einer so umfänglichen grauen Masse wie die Großhirnrinde, sind nur zum kleinsten Teil mittels rein histologischer Methoden zu bewältigen. Die Frage z. B. wie die über einen beliebigen Querschnitt der Großhirnrinde zerstreuten Elemente mit einander in Verbindung treten, ist mittels der Silber-, der *Methylenblau*-Methode usw. innerhalb gewisser Grenzen lösbar. Aber schon auf Entfernungen weniger Millimeter versagen dieselben, um wie viel mehr auf Entfernungen von 10 ja 20 ctm, wie sie beim Menschen vielfach in Betracht kommen. Weder das Ob noch das Wie des Zusammenhangs läßt sich ohne *besondere* Hilfsmittel feststellen. Für die Großhirnrinde speziell kommt ja neben den an sich schon kaum übersehbaren intrakortikalen Leitungen *der größte Teil des Großhirnmarkes* in Betracht, welches schon durch seine Dimensionen weit über den Horizont der Histologie hinauswächst.

Nur durch Verbindung der Methoden der feineren und gröberen mikroskopischen Anatomie läßt sich dieses ungeheure System assozierender[1]) Fasermassen dergestalt in seine Komponenten zerlegen, daß sich gesetzmäßige Beziehungen klar erkennen lassen, besonders auch gesetzmäßige *Unterschiede* in der Verbindungsweise verschiedener Abschnitte.

Es ist bei der Würdigung der „zusammenhängenden Struktur (MEYNERT)", speziell der Großhirnrinde auszugehen von der Tatsache, daß diese graue Masse eine doppelte Gliederung erkennen läßt

a) der Tiefe nach in *Schichten,*

b) der Fläche nach in *Felder.*

Die Schichtung läßt sich mit den schon erwähnten histologischen Methoden besonders der EHRLICHschen, zu welchen für die Zellkörperfärbung noch die NISSLsche kommt, soweit dar-

---

auch zahlreiche Neuriten näherer und entfernterer Neurone sich im Stratum zonale aufsplittern. Doch bleibt es auch bei dieser naheliegenden Annahme vorerst unerwiesen, daß sich Erregungen in dieser Schicht über *weitere* Strecken, etwa über mehrere Windungen fortpflanzen können. Die Existenz des weit mächtiger entwickelten extrakortikalen Assoziationssystems weist auf eine mehr lokale assoziative Bedeutung jenes Stratums hin.

1) d. h. der Elemente, welche verschiedene Abschnitte der Rinde untereinander verbinden — *also zunächst ein rein anatomischer Begriff.*

stellen, daß der wechselnde Charakter der Elemente und ihrer Anordnung im verschiedenen Rindenbezirken klar zu Tage tritt — besonders niedere Affen geben hier geradezu schematische Bilder, welche sich beim Menschen mehr weniger verwischen, ohne sich indes vollständig zu verlieren.

Ein wirkliches Verständnis[1]) dieser Variationen ergibt aber erst das rationelle, unter Beihilfe besonderer Methoden durchgeführte Studium der *Flächengliederung*, welches die Einschaltungsweise der einzelnen Regionen in den *Gesamtmechanismus*, speziell *die Beziehungen zu den peripheren Endapparaten* des Nervensystems ins Auge faßt — wobei implizite die Gliederung der Rinde in Felder von verschiedener *funktioneller* Bedeutung zu Tage tritt.

Historisch betrachtet würde es nahe liegen, über BROCA, FRITSCH — HITZIG, FERRIER und CHARCOT hinweg zu MUNKS Untersuchungen überzugehen bezw. überhaupt von letzteren auszugehen, da sie tatsächlich hier zuerst ein klares Programm geschaffen haben.

Ich schlage aber der Deutlichkeit der Darstellung halber einen anderen, minder historischen Weg ein, indem ich zunächst die Resultate der von mir geübten *myelogenetischen* Methode, der Gliederung der zentralen Fasermassen auf Grund der annähernd gleichzeitigen Ummarkung gleichwertiger Elemente, der sukzessiven Markumhüllung verschiedenwertiger Fasergruppen (*myelogenetisches Grundgesetz* FLECHSIG) kurz zusammenfasse. Bei der Verfolgung der myelogenetischen Differenzierung des Gehirns handelt es sich in erster Linie um die Anwendung eines besonderen Untersuchungsobjektes, des in gewissen Phasen der Entwicklung begriffenen Organs und nur insofern um besondere histologische Methoden, als der Nachweis markhaltiger Nervenfasern auf großen Schnitten bezw. an kompletten Schnittreihen in Frage steht, wozu die WEIGERTsche Methode der Hämatoxylinfärbung sich als besonders

1) In den verschiedenen Schichten die Träger verschiedener psychischer Elementarfunktionen (Sinnesempfindung, Gedächtnis etc.) zu sehen, wie dies einige Psychiater wollen, erscheint empirisch nicht begründet. Manches weist darauf hin, daß die Leitungen von und nach den subkortikalen bezw. peripheren Apparaten („Projektionssysteme") in der Hauptsache mit andern Schichten von Zellen zusammenhängen als die homo- und bilateralen Assoziationssysteme, d. h. die Nervenfasern, welche verschiedene Regionen der Rinden unter einander verbinden.

brauchbar erweist, so daß ihrem Entdecker ein wesentlicher Anteil an den vorliegenden Resultaten zukommt.

Die myelogenetische Differenzierung stellt einen rein *natürlichen* Vorgang dar; die Zergliederung folgt allenthalben strengen Naturgesetzen — es ist hier geradezu die *Auto-Anatomie*, die Selbstzergliederung des Gehirns gegeben, wobei Kunstprodukte nur soweit in Betracht kommen können, als die Tinktion der Präparate unvollkommen ausfällt. Die Methode ist überdies beim Menschen besonders leicht anwendbar, liefert hier ihre klarsten Resultate; und das notwendige Untersuchungsmaterial ist überaus *leicht* zu beschaffen.

Das gesamte Zentralnervensystem läßt sich nach dieser Methode auf Grund eines durchaus *einheitlichen* Gesichtspunktes zerlegen. Der Prozeß der sukzessiven Markumhüllung liefert geradezu ein *Programm* für die anatomische Forschung, ein von der Natur selbst aufgestelltes und befolgtes Programm — wozu noch weitumfassende Aufschlüsse über den *Entwicklungsgang*, die Zeitfolge der *Funktionen*, speziell auch der geistigen kommen.[1]) Aber freilich ist es notwendig, sich sogleich auch der *Grenzen* bewußt zu werden, welche der Verwertbarkeit der myelogenetischen Methode gezogen sind. Sie liefert im wesentlichen *Grundzüge in großen Linien* — in vielfachen Einzelheiten versagt sie. Sie gibt ja auch im einzelnen mancherlei Aufschlüsse bezüglich der Anordnung der Leitungsbahnen innerhalb grauer Massen und lehrt so gewisse Zusammenhänge kennen. Aber sie steht in dieser Hinsicht vielfach weit hinter anderen Methoden zurück, welche sie nichts weniger als entbehrlich macht. Das Hauptgebiet der myelogenetischen Methode ist die Zerlegung großer grauer und umfänglicher weißer Massen (Großhirnrinde, Kleinhirnrinde, Thalamus, Centrum semiovale, innere Kapsel usw.); sie liefert hier so klare Aufschlüsse, daß selbst *individuelle Variationen*[2]) *in vollem*

1) Zerlegung der intellektuellen Entwickelung in Einzelphasen parallel den Fortschritten der inneren Strucktur, in welch' letzterer Hinsicht insbesondere die vorauseilende Entwickelung der Leitungen, welche äußere Bewegungsvorgänge auf die Hirnrinde übertragen, und die spät nachfolgende des Assoziationsmechanismus hervortreten.

2) Vergl. meine Mitteilungen über die Variationen der Pyramidenbahnen im Rückenmark (Leitungsbahnen etc. 1876). Die neueren Arbeiten über das gleiche Thema haben etwas wesentlich Neues nicht gebracht.

Umfang scharf zu Tage treten — was keine andere Untersuchungsmethode auch nur in annähernder Vollkommenheit leistet.

In bezug auf die Großhirnrinde erscheint besonders wichtig die myelogenetische Zerlegung der mit der Rinde in Beziehung stehenden Faserzüge, dergestalt, daß sich nicht nur das Projektionssystem deutlich vom Assoziationssystem sondert, sondern auch jeder dieser großen Komplexe in offenbar funktionell verschiedenwertige Unterabteilungen zerfällt. Die Rinde gliedert sich hierbei in eine Anzahl von Feldern, welche in bezug auf das zeitliche Auftreten markhaltiger Nervenfasern eine streng gesetzmäßige Reihenfolge einhalten und sich zeitweise scharf und deutlich von einander abheben — *entwickelungsgeschichtlich ausgezeichnete* oder *myelogenetische* Rindenfelder (Flechsig).

Ich habe über die meisten dieser Gebilde nur kurze aphoristische Mitteilungen gemacht, da meine Untersuchungen in stetem Fluß begriffen waren und mir noch vor kurzem wichtige Entwickelungsstufen fehlten. Gegenwärtig bin ich soweit zum Abschluß gelangt, daß meines Erachtens nur noch unwesentliche Lücken bleiben. Ich halte es für um so notwendiger die definitiven Resultate hier kurz zusammenzufassen, als in der Literatur der letzten Jahre Darstellungen dieser Materie[1]) erschienen sind, welche nur geeignet sind Verwirrung zu stiften und die Fortschritte der wissenschaftlichen Hirnlehre empfindlich zu stören.

Die Verfolgung eines so überaus komplizierten Entwickelungsprozesses, wie ihn die sukzessive Ummarkung der zentralen Leitungsbahnen darstellt, erfordert (man darf wohl sagen selbstverständlich) nicht nur ein großes, alle wichtigen Entwickelungsstufen umfassendes Untersuchungsmaterial, sondern auch die gründlichste Durcharbeitung der Schnittserien. Denn wenn die Frage

1) Das gilt ganz besonders von der Darstellung meiner Rindenfelder, welche Hitzig auf dem Pariser Kongreß 1900 gegeben hat. Die von Hitzig dem Referat beigefügten Abbildungen in den Comptes rendus des Kongresses sind entstellte Reproduktionen einiger von mir lediglich für Unterrichtszwecke angefertigter provisorischer Skizzen, welche weil durch die fortschreitenden Untersuchungen überholt, nicht zur Publikation bestimmt waren und nur per nefas an die Öffentichkeit gelangt sind. Man wird sich durch den Vergleich mit den Taf. I—III vorliegender Abhandlung leicht überzeugen können, daß die Hitzigschen Abbildungen mit meinen wirklichen Anschauungen vielfach in direktem Widerspruch stehen.

beantwortet werden soll, wo sich auf einer gegebenen Altersstufe in den Großhirnhemisphären markhaltige Fasern finden, wo nicht, bez. welche Leitungen markhaltig sind, muß eben *jeder einzelne Schnitt* genau durchforscht werden; unterläßt es der Untersucher, dieser Forderung nachzukommen, so *muß* er zu falschen Resultaten gelangen. Das besonders in der Pathologie noch vielfach übliche summarische Verfahren ist hier gänzlich unangebracht. Während ich selbst meine Studien an Serienschnitten aus den Gehirnen von 56 menschlichen Föten und Neugeborenen bez. jungen Kindern angestellt und speziell vom Beginn der Markbildung in der Großhirnrinde (bei 34 cm Körperlänge) bis zur rechtzeitigen Geburt nicht weniger als 22 Entwickelungsstufen zu untersuchen für nötig gefunden habe, — begnügt sich VOGT für diesen ganzen Zeitraum mit 1, SIEMERLING mit 3 Stufen, während VON MONAKOW angibt, außer einem fünf- und einem sechsmonatlichen Fötus, die überhaupt hier gar nicht in Betracht kommen, ein „Neugeborenes" an Frontalschnitten (d. h. der ungeeignetsten Schnittrichtung) untersucht zu haben. Es ist unter diesen Umständen nur natürlich, daß alle diese Autoren zu einer schiefen Auffassung des gesamten Entwickelungsganges gekommen, und daß ihnen besonders die gesetzmäßigen Beziehungen ganz entgangen sind. Die Untersuchung muß mit geradezu mathematischer Genauigkeit vorgenommen werden und hat sich streng dem Gang des Naturprozesses anzupassen, d. h. mit der ersten Entwickelungsstufe zu beginnen und von Stufe zu Stufe die Fortschritte zu registrieren, wie dies in der *wissenschaftlichen* Embryologie für selbstverständlich gilt.

Jede Nachlässigkeit rächt sich und führt zu Mißerfolgen bedenklichster Art, und so kann es nicht überraschen, daß die Angaben VON MONAKOWS über die Reihenfolge der Faserentwickelung die Tatsachen geradezu auf den Kopf stellen, wenn man erfährt, daß die genaueren Untersuchungen dieses Autors da einsetzen, wo der gewaltige tausendfach gegliederte Entwickelungsprozeß beinahe zum Abschluß gelangt ist. — Auch die Angaben von VULPIUS über das Auftreten markhaltiger Fasern in der Rinde, welchen KÖLLIKER hohes Lob spendet[1]), sind, was die Zeitangaben anlangt, *ausnahmslos falsch.* Ich erwähne beispielsweise nur, daß nach VULPIUS die oberflächlichen und tiefen Tangentialfasern in der Rinde zuerst

1) Vergl. KÖLLIKER, Gewebelehre 6. Aufl., Bd. II, S. 678.

bei ca. vier Monate alten Kindern markhaltig werden. In Wirklichkeit zeigt schon die rechtzeitig geborene Frucht im Gyrus hippocampi zahlreiche markhaltige Tangentialfasern im Stratum zonale; und in den tieferen Rindenschichten der hinteren Zentralwindung sind Horizontalfasern schon einen Monat *vor* der Geburt markhaltig. Ähnliche Irrtümer in bezug auf die Zeitverhältnisse finden sich auch bei RIGHETTI, welcher z. B. den Beginn der Markbildung im Stratum zonale des Ammonshorns auf den zweiten Monat nach der Geburt verlegt. Inwiefern an diesen und anderen unzutreffenden Angaben mangelhafte Färbetechnik, ungenügendes Material oder mangelhafte Durchforschung des Gesamthirns Anteil haben, muß ich dahingestellt sein lassen. Die voluminöse Arbeit O. VOGTS in den „Biologischen Studien" enthält zwar im einzelnen nichts, was bei *objektiver Betrachtung* den von mir vertretenen Anschauungen widerspräche; aber die Gesamtauffassung des Ablaufs der Markscheidenbildung erscheint unhaltbar, was ja nicht weiter auffallen kann, da VOGT sein an sich überaus spärliches Material überhaupt nicht wissenschaftlich durchgearbeitet hat. Auch die ungenaue zeichnerische Wiedergabe der Präparate (wobei gerade prinzipiell wichtige Details mit wenig Sorgfalt behandelt sind) tragen dazu bei, die wirkliche Leistungsfähigkeit der myelogenetischen Methode hier in einer wesentlich falschen Beleuchtung erscheinen zu lassen. Charakteristisch ist, daß VOGT besonderes Gewicht legt auf die angebliche Tatsache, daß die Entwickelungsfolge der einzelnen Faserzüge in erster Linie in Beziehung steht zu ihrem Faserkaliber. Gelegentlich trifft es sich ja, daß starkfaserige Leitungen früher Mark erhalten als dünnfaserige, wie z. B. die vorderen Wurzeln eher als die hinteren. Ein Blick auf die Entwickelung der Rückenmarksstränge zeigt aber sofort, daß vielfach dünne Fasern früher Markscheiden erhalten als starke, z. B. die GOLLschen Stränge vor den Pyramidenbahnen, die dünnen Fasern der seitlichen Grenzschicht der grauen Substanz (Seitenstränge) früher als die starken Elemente der direkten Kleinhirn-Seitenstrangbahnen. Das Faserkaliber spielt bei der Reihenfolge der Ummarkung eine durchaus nebensächliche Rolle — die wirklichen Ursachen liegen weit tiefer. — Auch die Vermutung von MONAKOWS, daß auf den Gang der Markentwickelung *„mehr lokale"* Momente, z. B. die Vaskularisation, Einfluß haben, muß ich für wenig glücklich halten. Ein so gewaltiger, großzügiger Prozeß wie der Aufbau des menschlichen Gehirns, wo jedem einzelnen der nach Milliarden zählenden Elemente der Zeitpunkt der Reifung genau vorgeschrieben ist, arbeitet wohl kaum mit so unsicheren ja man darf wohl sagen kleinlichen Mitteln, wie die Vaskularisation. Es ist mir auch *nicht eine* Tatsache vorgekommen, welche darauf hinwiese. Der Urgrund für die *sukzessive* Ummarkung verschiedenwertiger Systeme wie überhaupt für den zeitlichen Ablauf der Markbildung ist gegeben in der Tatsache, daß letztere einfach die Zeitfolge *der ersten Anlage* der Fasern durch die Neuroblasten *repetiert* — mit wenigen leicht im einzelnen feststellbaren Ausnahmen wo es sich um eine *Verspätung* der Markbildung durch vorläufig unbekannte Einflüsse handelt (z. B. vordere Kommissur, Fornix inferior etc.). Besonders die Untersuchungen von W. His über die erste Anlage der zerebralen etc. Faserzüge liefern die grundlegenden Tatsachen, den eigentlichen Schlüssel für den gesamten Myelinisationsprozeß. Das myelogenetische Grundgesetz wird hierdurch zum Ausdruck für das zeitliche Entwickelungsbez. Differenzierungsgesetz *der Neurone überhaupt,* und es kommen so Faktoren in betracht, gegen welche Faserkaliber, Vaskularisation etc. gänzlich irrelevant erscheinen.

Ich habe die myelogenetischen Rindenfelder nach einem doppelten Prinzip eingeteilt:

1) nach dem prozentualen Verhältnis der Projektions- und Assoziationssysteme in den einzelnen Feldern, also *anatomisch* in

a) Sinneszentren, mit Sinnes- und motorischen Leitungen — und

b) Assoziationszentren d. h. Rindenfelder, in welchen die Sinnes- und motorischen Leitungen gegenüber den Assoziationsfasern ganz in den Hintergrund treten.

Ich habe von ersteren in „Gehirn und Seele“ 4, von letzteren 3 unterschieden, im ganzen also 7 verschiedene Rindenzonen; mit dem weiteren Fortschreiten meiner Untersuchungen hat sich ergeben, daß jede derselben in mehr oder weniger zahlreiche Unterabteilungen zerfällt, und habe ich mit Rücksicht hierauf speziell in den Assoziationszentren noch weiter frühreifende Randzonen und spätreifende Zentralgebiete unterschieden, ohne die ursprüngliche Einteilung irgendwie preiszugeben. Die anatomischen Verhältnisse sind tatsächlich komplizierter als ich anfangs an einem *kleineren* Material zu erkennen vermochte. Der Reichtum der inneren Gliederung der Rinde ist weit größer, als daß man sich mit Unterscheidung von 7 Feldern begnügen *dürfte.* In der fortschreitenden Spezialisierung liegt aber nicht, wie man bei oberflächlicher Betrachtung glauben könnte, eine Schwäche der ganzen Methode, sondern vielmehr ein Beweis ihrer weitgehenden Leistungsfähigkeit. Doch ist zu dieser Erkenntnis notwendig, daß man sich in den gesetzmäßigen Ablauf des Prozesses der Myelinisation *gründlich* vertieft.

Um eine bessere Übersicht über die wichtigsten Einzelphasen zu geben, habe ich

2) die Felder *rein entwickelungsgeschichtlich*, d. h. ohne jede Rücksichtnahme auf die anatomischen Verhältnisse eingeteilt in

Primordial-,
Intermediär- und
Terminalgebiete.

Ich habe anfangs (provisorisch!) insgesamt 40, später 36 solcher elementarer myelogenetischer Felder unterschieden und ausdrücklich betont, daß vorläufig nur für einen Teil derselben der Nachweis einer *besonderen* Funktion geführt werden könne. Ich zweifle aber im Hinblick auf den streng gesetzmäßigen Gang der Entwickelung und auf die allgemeine Erfahrung, daß ausgeprägte Differenzierungserscheinungen myelogenetischer Art sich bei näherem Zusehen stets als Ausdruck wesentlicher anatomischer Unterschiede entpuppen, nicht daran, daß jedem der sich deutlich sondernden myelogenetischen Felder *gewisse* Besonderheiten zunächst in der Stellung zum Gesamtmechanismus zukommen.

Es beruht lediglich auf Vorurteilen, wenn man vielfach a priori[1]) an der *Zahl* der Felder Anstoß genommen hat. Es ist eine rein tatsächliche Frage, in wie viel Zonen sich die menschliche Großhirnrinde myelogenetisch gliedert.

Ob die Zahl 36 zu hoch gegriffen ist, kann gar nicht von vornherein auf Grund *allgemeiner* Raisonnements entschieden, sondern muß für jedes einzelne Rindenfeld besonders diskutiert werden — was man vollständig unterlassen hat. Lediglich auf der Grundlage sorgfältiger Einzelforschung läßt sich bestimmen, ob die Unterscheidung so vieler Felder einen Wert hat. Zunächst kann es sich nur darum handeln festzustellen, wie viele myelogenetische Felder überhaupt deutlich sich sondern, und gerade hier ist ein vollständiges, *alle* wichtigen Entwickelungsphasen umfassendes Untersuchungsmaterial unentbehrlich. Vorzüglich gegen die Zeit der

---

1) Man darf hierin wohl eine Nachwirkung Flourensscher Lehren erblicken.

Reife hin wechseln die Grenzen der markhaltigen Rindenfelder gegen die marklosen bei aller Gesetzmäßigkeit so rasch, daß die Sonderung des Typischen vom Zufälligen nur durch Vergleich zahlreicher Gehirne gelingt. Die Behauptung SIEMERLINGS und anderer, daß schon frühzeitig durch das zerstreute Vorkommen einzelner markhaltiger Fasern in sonst noch marklosen Rindengebieten eine Abgrenzung der Felder unmöglich gemacht werde, ist hinfällig. Auch diese einzelnen Fasern, welche übrigens meist erst nach erreichter Reife auftreten, zeigen zum größten Teil eine strenge Gesetzmäßigkeit in bezug auf Zahl und Lage, so daß sie der Erkennung gesetzmäßig auftretender Markgrenzen bei sorgfältigem Studium eher förderlich als hinderlich sind — vergl. u.

Der größte und in gewisser Beziehung (d. h. für die anatomische Verwertung) wichtigste Teil der myelogenetischen Differenzierung liegt noch *vor der normalen Geburtszeit.* Diese letztere trennt gewissermaßen den Entwickelungsprozeß in zwei annähernd gleichgroße Hälften (eine „prä- und eine „postmature" Periode). Gegen Ende des vierten Lebensmonats findet man alle unterscheidbaren Faserzüge in ihren Stammfasern markhaltig; in der Folge tritt das Mark ja noch an zahlreichen anderen Fasern besonders der Rinde auf, aber es handelt sich hier einesteils um Kollateralen, andererseits um mehr vereinzelte, nicht zu gröberen Bündeln angeordnete Nervenfasern (das wirkliche Ende der Markbildung, die Ummarkung „der letzten Faser" läßt sich selbstverständlich nicht feststellen, ist aber nach den Untersuchungen besonders von KAES erst im reifen Alter zu suchen). Man kann also *mit diesen Einschränkungen* etwa vier Monate nach rechtzeitiger Geburt den Markbildungsprozeß an den gröberen Faserzügen als abgeschlossen betrachten. Ungefähr vier Monate vor der normalen Geburt beginnt auch die Markbildung in den Großhirnlappen, zunächst an einem globus pallidus und oberes Drittel der Zentralwindungen verbindenden Bündelchen.[1]) In mindestens 22 Etappen erreicht der

1) In den Stammganglien ummarkt sich zuerst (27 cm) eine neben den hinteren Längsbündeln zum ventro-lateralen Thalamuskern aufsteigende Fasergruppe und ein vom globus pallidus absteigend sich entwickelndes Fasersystem, welches unter Umgehung des LUYSschen Körpers zur Gegend der Schleifenschicht zieht. Die MEYNERTsche Kommissur führt den gekreuzten Teil dieses primären Linsenkern-Systems. Die Bahn globus pallidus-LUYSscher Körper stellt ein an zweiter Stelle sich entwickelndes System dar.

Prozeß die Stufe, welche die *normale rechtzeitig* geborene Frucht kennzeichnet. Ich halte es für gerechtfertigt, speziell *diese letztere* Entwickelungshöhe als Einteilungsprinzip zu verwerten, nicht nur weil hier die Ausdehnung der markhaltigen Fasern in den Großhirnwindungen ein überaus charakteristisches Bild darbietet, eine Schärfe der Differenzierung, wie sie weder vorher noch nachher erreicht wird (unregelmäßig zerstreute Fasern fehlen fast ganz), sondern weil das Zusammentreffen speziell dieser Entwickelungshöhe mit der Geburtsreife auf einen tieferen Zusammenhang hinweisen dürfte, der sich hypothetisch vielleicht dahin definieren läßt, daß das Gehirn auf dieser Entwickelungshöhe besonders geeignet erscheint, äußere Reize aufzunehmen und (zum Aufbau des Intellektes) zweckmäßig zu verarbeiten. Kommt hinzu, daß bei allen rechtzeitig geborenen gesunden Kindern in der Hauptsache übereinstimmende Befunde erhoben werden, dergestalt, daß Abweichungen mit größter Wahrscheinlichkeit auf die Schwierigkeit genauer Altersbestimmung nach Wochen oder Tagen zurückgeführt werden können, so ist es wohl gestattet, den Zeitpunkt der Reife als einen wichtigen Abschnitt in der Entwickelung der kortikalen Bahnen zu betrachten und die bis dahin bereits in die Markumhüllung eingetretenen Rindenabschnitte als Primordialgebiete (oder *prämature* Gebiete) von den späteren zu trennen.

Für die normaler Weise nach der Reife sich ummarkenden Rindenfelder habe ich bisher eine umfassende Bezeichnung nicht gewählt (man könnte sie insgesamt *„postmature“* nennen), habe sie vielmehr der bequemen Übersicht halber sogleich in zwei Unterabteilungen getrennt, deren eine früher sich entwickelnde ich als „Intermediärgebiete“ den später bez. zuletzt reifenden „Terminalgebieten“ gegenübergestellt habe. Indem ich so als Einteilungsprinzip einen rein zeitlichen Faktor wählte (bei den Intermediärgebieten Ummarkung im ersten Lebensmonat, bei den Terminalgebieten vom zweiten Lebensmonat an), habe ich nicht einen durch die Natur wirklich ausgezeichneten Zeitpunkt ins Auge gefaßt, sondern einen solchen, bezüglich dessen Zweckmäßigkeit sich Zweifel äußern lassen. Ich werde erst in der Folge versuchen, meinen Standpunkt zu rechtfertigen bezw. durch einen besseren zu ersetzen.

Ich gebe nun zunächst eine kurze Erläuterung zu Abbildung 1 und 2, welche die Verbreitung der markhaltigen Nervenfasern in der Gehirnrinde bez. in den Windungen einer rechtzeitig geborenen *weiblichen* Frucht darstellen (52 cm Körperlänge). Ein Überblick über die durch Punktierung hervorgehobenen markhaltigen Rindengebiete[1]) zeigt, daß dieselben recht verschiedene Dimensionen besitzen. Die größte Zone bilden die Zentralwindungen und der Fuß der ersten Stirnwindung, sowie ein angrenzender Abschnitt des Gyrus fornicatus; in der Längenausdehnung gleich, aber meist viel schmäler ist die vom Pol des Schläfenlappens durch den Gyrus hippocampi bis zur Mitte des Gyrus fornicatus reichende Zone. Bei der Verfolgung der Markentwickelung in diesen Gebieten nach rückwärts bis zum ersten Beginn (34 cm-Fötus) zeigt sich, daß dieselben in eine größere Anzahl myelogenetischer Unterabteilungen zerfallen, *„elementare" myelogenetische Rindenfelder* FLECHSIG, d. h. Felder, welche über ihre ganze Flächenausdehnung annähernd gleichzeitig in die Markbildung eintreten, welche also wirkliche myelogenetische Einheiten darstellen, während die in Rede stehenden größeren *„Zonen"* Komplexe *mehrerer* solcher elementarer Felder darstellen, welche sich *sukzessiv* entwickeln (*„zusammengesetzte myelogenetische Rindenzonen"*). Es würde zu weit führen, alle wichtigen Einzelheiten hier aufzuführen, ich begnüge mich vorläufig mit der Andeutung, daß in den Zentralwindungen das obere Drittel neben dem Lobulus paracentralis beginnt, das mittlere bald folgt, während das untere Drittel erheblich nachhinkt. Noch später tritt das Mark auf im Fuß der ersten Stirnwindung und im Gyrus fornicatus unmittelbar darunter. In der Zone des Gyrus hippocampi beginnt der Uncus, etwas später folgt das Ammonshorn mit dem Subiculum und (*vielleicht* gleichzeitig) die untere Fläche des Gyrus fornicatus in dessen hinterer Hälfte, schließlich die Innenfläche des Temporalpols.[2]) Die Außenfläche des Gyrus hippocampi im sulcus occipito-

1) In Nr. 9—12 sind die markhaltigen Fasern nicht bis in die Rinde hinein verfolgbar, sondern nur bis an die Rinde bezw. direkt darunter. Diese Felder machen überhaupt den Eindruck des Unfertigen gegenüber den Feldern 1—8.

2) Natürlich wird man nicht erwarten dürfen, diesen Typus genau bei jeder angeblich rechtzeitig geborenen Frucht zu finden; er muß gesucht werden. Ich selbst bin erst relativ spät in den Besitz von Gehirnen dieser Entwickelungshöhe gelangt. Nicht nur das Alter, sondern auch das Geschlecht bedingen Unterschiede, letzteres insofern als bei gleich großer Körperlänge die weiblichen Früchte im allgemeinen weiter entwickelt sind als die männlichen. Bei einem 48 cm

temporalis nimmt offenbar eine Sonderstellung ein. Die kleineren markhaltigen Abschnitte sind elementare Rindenfelder, so insbesondere Nr. 3 (Septum pellucidum), 5 (Lippen der Fissura calcarina und ein Teil des Occipitalpols) 9, 10, 11 und 12 (Gyrus subangularis). Nur 7^b entwickelt sich nicht gleichzeitig mit 7, sodaß hier gleichfalls eine zusammengesetzte Zone vorliegt. In bezug auf die Reihenfolge der Ummarkung ordnen sich alle diese elementaren Felder in folgender Weise (vergl. Taf. III):

1. Lamina perforata anterior
   Trigonum olfactorium[1]),

---

langen Knaben fand ich überhaupt nur die Rindenfelder 1—3 markhaltig; primäres Cingulum, fornix longus und primäre Sehstrahlung zeigten nur kurze Strecken weit (nächst den Ursprungszellen) Markscheiden. Die Körperlänge steht nicht stets in einfach gesetzmäßigen Beziehungen zur inneren Entwickelungshöhe des Gehirns. Bei einer totgeborenen 57 cm langen männlichen Frucht fand ich die Entwickelung der Markscheiden *nicht* wesentlich weiter fortgeschritten als bei dem 52 cm langen totgeborenen Mädchen. Nur waren bei ersterer Frucht in dem von mir als Gyrus supraangularis bezeichneten Abschnitt der ersten Parietalwindung (äußere Fläche des mittleren Abschnittes Taf. III Fig. 5 Feld 13) einige markhaltige Bündelchen zu finden, welche bei 52 cm fehlten (zahlreiche Fasern standen hier aber dicht vor dem Zusammenfließen der initialen Myelintröpfchen zu zylindrischen Scheiden). Dagegen war ein 54 cm langes neugeborenes Mädchen erheblich weiter entwickelt. Das außerordentlich große Gehirn (vgl. Taf. II Fig. 3 u. 4) (größer als die meisten einen Monat alt gewordenen reif geborenen Früchte) zeigte in 7 weiteren Rindenfeldern, also in Sa. in 20 elementaren Feldern reichliche oder wenigstens in regelmäßigen Abständen auftretende markhaltige Fasern. Ich nehme hier konform der besonders von v. Winckel vertretenen Anschauung an, daß man es mit einem *überreifen* Kind zu tun hat. Wiederholt fand ich angeblich reif geborene Kinder nach vierwöchentlicher Lebensdauer *nicht weiter*, ja weniger weit entwickelt. Man hat sonach bei Neugeborenen nicht nur mit Früh-, sondern auch mit *Spätgeburten* zu rechnen, woraus sich eventuelle Abweichungen vom „Normaltypus" hinreichend erklären dürften. — Die Reihenfolge, in welcher die einzelnen Bündel in die Markbildung eintreten, hat sich als *absolut konstant* herausgestellt. Alle scheinbaren Abweichungen konnten auf mangelhafte Färbung zurückgeführt werden!

1) In früheren Publikationen habe ich die Zentralwindungen mit Nr. 1 bezeichnet. In einer vor kurzem gegebenen Mitteilung (Neurolog. Zentralblatt 1903 Nr. 5) habe ich Zweifel an der Richtigkeit

2. hintere Zentralwindung und hinterer Abhang der vorderen Zentralwindung oberes Drittel
   Lobulus paracentralis,
2^b. mittleres Drittel der hinteren Zentralwindung, später: der zugehörige convexe Abschnitt der vorderen Zentralwindung (motorische Zone),
3. Septum pellucidum mit Bandelette diagonale Broca
   Primäres Cingulum FLECHSIG
   Kortikopetale Fasern des Fornix inferior,
4^a. Uncus (gyrus hippocampi) innere Riechwindung,
4^b. Subiculum cornu Ammonis,
5. Lippen der Fissura calcarina
   Polus occipitalis
   Gyrus descendens,
   Unteres Drittel der hinteren Zentralwindung (2^c und 5^b)
6. Gyrus fornicatus hintere Hälfte untere Fläche, Fornix longus;
7. Querwindung des Schläfenlappens,
7^b (?). hintere Windung der Insel obere Hälfte,
8. Pes gyri frontalis I,
8^b. anstoßender Teil des Gyrus fornicatus in ganzer Breite,
9. oberer Abschnitt des Cuneus[1])

---

dieser Zahl geäußert, mich aber noch nicht definitiv schlüssig gemacht, sodaß erst das hier Mitgeteilte die Entscheidung bringt. Auf Grund neuerer Untersuchungen glaube ich annehmen zu müssen, daß die Bündel des Tractus olfactorius nicht alle gleichzeitig markhaltig werden, daß hier vielmehr mehrere Abteilungen zu unterscheiden sind. Die Fasern des Tractus olf. für das Trigonum und die Lamina perf. anterior (jedenfalls *ein Teil* der Faserzüge innerhalb letzterer) werden früher markhaltig als die Olfactoriusbündel für den Uncus und die innere Riechwindung. Phylogenetisch erscheint dieser Befund hoch interessant, da die Lamina perfor. anterior phylogenetisch älter ist als der dem Pallium angehörige Uncus. Die Olfactoriusfasern in Lamina perforata und Insel werden früher markhaltig, als das erste System markhaltiger Fasern der Zentralwindungen *mit seinen Markscheiden* die Rinde wirklich erreicht. Die Zeitunterschiede sind allerdings gering. Infolge dessen habe ich nur der Lam. perf. anterior die Nr. 1 erteilt, dem Uncus etc. Nr. 4^a. Hierdurch kommen die Zentralwindungen wieder vor die Riechrinde des Pallium. Auch für die Entscheidung dieser Fragen ist ein großes lückenloses Untersuchungsmaterial wie leicht ersichtlich durchaus unentbehrlich.

1) Meist weniger weit fortgeschritten als Nr. 10.

10. Innenfläche des Polus temporalis,
11. Querwindung des Stirnlappens (Flechsig)
    pars orbitalis der III. Stirnwindung äußerer Teil,
12. Gyrus subangularis (Flechsig).

Außerdem findet sich eine markhaltige Faser im Gyrus supra-angularis (Flechsig), drei im Gyrus supramarginalis, vereinzelte auch im Centrum semiovale unter dem Gyrus parietalis I (16) und dem Fuß der dritten Stirnwindung.

Reihe ich hieran sofort der Übersichtlichkeit halber ein Verzeichnis der späteren Differenzierungserscheinungen, so ist es nicht möglich, eine Entwickelungsphase zu finden, welche eine *scharfe* Trennung der postmaturen Gebiete in mehrere zeitliche Untergruppen rechtfertigte, obwohl im einzelnen betrachtet die zeitlichen Unterschiede zwischen den ersten und letzten Gliedern der Reihe recht beträchtlich sind. Eine Anzahl Spätgebiete sind bei Spätgeburten bereits markhaltig, einzelne sogar soweit, daß schon makroskopisch ein weißer Farbenton sich zeigt. So fand ich bei dem bereits erwähnten 54 cm langen Mädchen, dessen Entwickelung erheblich weiter fortgeschritten war, markhaltig (verg. Taf. II):

13. Den Gyrus supraangularis,
14. die erste Temporalwindung bis zur Außenfläche in ihrer ganzen Länge und den Übergang der ersten zur zweiten Temporalwindung im vorderen Drittel des Schläfenlappens,
15ª. den Gyrus fornicatus zwischen Feld 8ᵇ und Balkenknie,
15. den angrenzenden Abschnitt der ersten Stirnwindung, besonders an der Innenfläche,
16. die erste Parietalwindung hinter dem oberen Drittel der hinteren Zentralwindung,
17. die Umgebung des Feldes Nr. 5 im Cuneus, Gyrus lingualis, die Umgebung des Polus occipitalis nach außen (1. Occipitalwindung mittlerer Abschnitt),
18. den Fuß der II. } Stirnwindung,
18ᵇ. „ „ „ III. } Stirnwindung,
19. den Gyrus supramarginalis,
20.[1]) III. Occipitalwindung vordere Hälfte, angrenzende Abschnitte des Gyrus occipito-temporalis.

---

1) Die zeitlichen Unterschiede zwischen 17 bis 20 sind gering — auch stellt sich vielleicht bei weiteren Untersuchungen heraus, daß 18 und 19 vor 17 kommen.

Die Felder 11 und 12 haben sich vergrößert (11^b und + Fig. 5). Im übrigen finden sich nur vereinzelte markhaltige Fasern oder kleinste Bündelchen von 2—5 Fasern (in Summa zählte ich 70 Fasern) in denjenigen Rindenfeldern, welche die *ersten der nachfolgenden Gruppe* bilden (21—23). Sie ermangeln der Regelmäßigkeit, zeigen nirgends regelmäßige Abstände[1]), enthalten auch einzelne atypische Elemente.

Das vorstehende Gehirn stellt die in der Markentwickelung *am weitesten fortgeschrittene* Frucht dar; ob sich gelegentlich Früchte intrauterin noch weiter entwickeln, vermag ich nicht zu sagen — man wird abwarten müssen, ob eventuell bei Untersuchung 60 cm und mehr messender Früchte noch eine größere Ausdehnung der markhaltigen Fasern gefunden (ev. bis 23?) werden wird. Jedenfalls ist auch bei der in Rede stehenden reifsten Frucht etwa die Hälfte der Windungen noch völlig marklos.

Der weitere Fortschritt der Ummarkung vollzieht sich, soweit ich aus meinem Untersuchungsmaterial schließen kann, in folgender Ordnung:

21. Der hintere Abschnitt der ersten Parietalwindung neben bez. vor Feld 9,
22.[2]) der größte Teil der Insel vor dem Feld 7^b mit Ausnahme eines basalen Abschnittes (s. u.),
23. der Gyrus occipito-temporalis und eine angrenzende Fläche des Gyrus hippocampi hinten.

Nach Ummarkung dieser Felder sind hauptsächlich (außer dem basalen Inselfeld) noch vier größere bez. große Zonen marklos:

a) Eine innen meist im Gyrus fornicatus gelegene, zum Teil den Praecuneus bildende (vergl. 33 Fig. 4[3])),

b) eine äußere parietale 34 + 24 Fig. 3,

c) eine frontale 35 + 27 }
d) eine temporale 36 } (vergl. Figg. 3 und 4).

---

1) Näheres über diese einzelnen Fasern siehe unten. Selbst für Spätgeburten ist nach obigem die Angabe SIEMERLINGS, man finde schon im „Anfang" überall markhaltige „Projektionsfasern" gänzlich unzutreffend.

2) Dieses Feld gliedert sich nach einem Befund noch in zwei Unterabteilungen, sodaß der vor dem sulcus centralis gelegene Teil später markhaltig wird.

3) Das bis an 9 reichende Feld 21 muß in Abzug gebracht werden.

Von diesen Gebieten werden die drei letzten *nicht in ihrer ganzen Ausdehnung* gleichzeitig markhaltig. Es sondern sich noch *mehr oder weniger deutlich*:

24. die zweite Occipitalwindung,
25. Gyrus fornicatus hinten unten (sehr klein),
26.[1] die Umgebung der Felder 11 vorn und innen an der Basis des Stirnlappens, Gyrus rectus,
27. die dritte Frontalwindung Mittelstück,
28. der Polteil der ersten Stirnwindung,
29. der Rest des Gyrus supramarginalis,
30. die zweite Frontalwindung oben,
31. die Übergangswindung von der zweiten Occipital- zur zweiten Temporalwindung oberhalb 12,
32. der untere Teil der Insel,
33. der Gyrus fornicatus im Bereich des Praecuneus,
34. Gyrus angularis,
35. innere Fläche der ersten Stirnwindung, innere Abteilung und anstoßender Teil des Gyrus fornicatus. (NB. Das primäre Cingulum darunter wird schon zwischen Feld 3 und 4 markhaltig, hängt aber mit der Rinde von Nr. 33 nicht zusammen.)

35b.[2] Gyrus frontalis II,

36. Temporalis II/III.

Fragt man, ob sich in der aufgezählten Entwickelungsreihe besonders scharf markierte Abschnitte nachweisen lassen, so ist es, wie es scheint, nicht möglich solche aufzufinden. Im allgemeinen kann man sagen, daß bis zum Anfang des zweiten Monats (Ende der fünften Lebenswoche[3]) die Gebiete 29—35 frei von *regelmäßig angeordneten* markhaltigen Fasern gefunden werden. Vereinzelt kommt wohl hier und da eine Faser oder ein kleinstes Bündel vor — aber es ist bei rechtzeitig geborenen Kindern entschieden eine ungewöhnliche Erscheinung, wenn sich in besagten Gebieten vor dem Ende der fünften Lebenswoche markhaltige Elemente auch nur in weiten *regelmäßigen* Abständen zeigen.

---

1) Die Zeitunterschiede zwischen 26—28 sind sehr gering.

2) b fehlt auf Fig. 3 bei 35.

3) Da ich bei 7 Wochen alten Kindern wiederholt die Terminalgebiete 28—35 noch absolut frei gefunden habe, so habe ich früher (1898) ein extrauterines Alter von 7 Wochen als Grenze der Intermediärgebiete bezeichnet. Es handelte sich hier vermutlich zum Teil um Frühgeburten.

Da die Früchte aber, wie bereits erwähnt, *bis zu einem vollen Monat zu spät geboren werden können, so ist es nicht ausgeschlossen, daß hier und da auch einmal bei geringerer extrauteriner Lebensdauer markhaltige Fasern in merklicher Anzahl auftreten.* Falls solche Ausnahmen häufiger vorkommen sollten, hat es gewiß sein Mißliches, ein bestimmtes extrauterines Alter als Einteilungsprinzip zu akzeptieren.

Auf die Unterscheidung der Terminalgebiete ganz zu verzichten wegen Schwierigkeit der zeitlichen Abgrenzung, erscheint mir *angesichts ihrer besonderen Stellung* nicht zweckmäßig. Es empfiehlt sich wenigstens das letzte Feld jedes einzelnen Lappens als Terminalgebiet desselben zu bezeichnen. Die so gewonnene Gruppe von 6[1]) Feldern bildet in der Tat eine zusammenhängende Reihe. Gleichzeitig ergibt die Vergleichung der auf der Außenseite des Großhirns sich sondernden Terminalgebiete mit den auf der Innenseite liegenden, daß von der Insel abgesehen, sich immer ein äußeres und ein inneres entsprechen (Nr. 35 entspricht Nr. 35^b, Nr. 33 entspricht Nr. 34, Nr. 36 verbreitet sich über Außen- *und* Unterfläche). Daß man es hier nicht mit einem zufälligen Zusammentreffen, sondern mit Relationen von tieferer Bedeutung zu tun hat, möchte wohl nicht bezweifelt werden. *Die Vergrößerung der Außenfelder zieht anscheinend in gesetzmäßiger Weise die der Innenfelder nach sich* bezw. umgekehrt.

Es würde sich nun die Frage erheben, ob es zwischen den verschiedenen Feldern wesentliche Unterschiede zunächst in *anatomischer* Hinsicht gibt und welcherlei Art dieselben sind. In der Tat lassen sich solche nach zwei Richtungen hin nachweisen.

A. in bezug auf die leitenden Verbindungen;

B. in bezug auf den Bau der Rinde.

Ich möchte aber sofort darauf hinweisen, daß man die oben angegebene Zahl und Abgrenzung der Felder zum kleinen Teil immer noch als eine provisorische anzusehen hat.

Ich betrachte mit Rücksicht hierauf zunächst die Primordialgebiete. Die Verfolgung der Faserentwickelung in denselben ergibt nachstehendes: Die ersten Faserzüge, welche sich entwickeln (Primärsysteme FLECHSIG), sind in sämtlichen Primordialgebieten

---

1) Das frontale Gebiet läßt zwei gleichzeitig sich entwickelnde terminale Felder erkennen (außen und innen), weshalb hier nicht von „dem" Terminalgebiet die Rede sein kann.

Radiärfasern. Diese Radiärfasern gehören in 7 elementaren Feldern (1, 2, 4, 5, 6, 7, 8) exogenen Leitungen an, welche von subkortikalen Zentren her sich ummarken[1]), welche also Achsenzylinderfortsätze subkortikaler Zellen darstellen und somit *kortikopetal leiten.*

Nicht sicher kommt dieser Charakter den Primärsystemen von 3, 7^b, 9, 10 und 12 zu. Wenn sich auch speziell bei 9 und 12 frühzeitig einzelne markhaltige Bündel aus der Gegend der Sehstrahlung in der Richtung gegen die Rinde verfolgen lassen, so werden diese doch alsbald überdeckt durch zahlreichere Fasern, welche allem Anschein nach von der Rinde her sich ummarken und im ganzen mehr Balken-[2]) als Projektionsfasern gleichen. Das durch die Stärke der Fasern ausgezeichnete Primärsystem von Nr. 10 kommt gleichfalls aus (?) der Sehstrahlung hervor, doch konnte ich seinen Ursprung nicht feststellen. Es bleibt lange isoliert, da sich hier die Balkenfasern relativ spät ummarken. Nr. 3 (Septum pellucidum) erhält ein starkes Bündel aus der Lamina perforata anterior, doch konnte ich nicht feststellen, ob es aus den Zellgruppen derselben oder aus anderen in die Lamina perforata eintretenden Faserzügen (aus Globus pallidus etc.) hervorgeht. Die Entstehung aus dem Uncus bezw. dem Mandelkern scheint mir durch den Ablauf der Markbildung ausgeschlossen. Dasselbe gilt für das Primärsystem von Nr. 11. Mit dem Tractus olfactorius steht Nr. 3 nur in indirekter Verbindung.

Somit ist zunächst nur für die erstgenannten 7 Felder die kortikopetale Leitungsrichtung der Primärsysteme festgestellt und

---

1) Diese Tatsache wird von VOGT u. a. offenbar wegen ungenügender Untersuchungen bestritten. Als ein besonders geeignetes Beispiel für den Nachweis der vom Ursprung zum Ende eines Neuriten fortschreitenden Ummarkung empfehle ich die primäre Sehstrahlung (vom äußeren Kniehöcker zum Feld Nr. 5) bei **42—46** ctm langen Früchten.

2) Die Balkenfasern zeichnen sich streckenweise durch eine auffallend geradlinige Verlaufsweise aus; sie erscheinen viel elastischer als die sensiblen Projektionsfasern, welche vielfach kleinere wellige Biegungen machen. Bei einiger Aufmerksamkeit wird man beide leicht unterscheiden können. — Die sensibeln Leitungen zeigen in der Rinde ein anderes Verhalten wie die motorischen: erstere verlaufen vielfach schräg und durchflechten sich *netzförmig* — sensibler Typus; letztere bilden charakteristische *Radiärbündel* (entsprechend den Gruppen von Riesenzellen) — motorischer Typus. Die Balkenfasern sind mehr gleichmäßig verteilt.

zugleich die wichtige Tatsache, daß jedes dieser Primärsysteme aus einer subkortikalen grauen Masse entspringt, welche mit einem peripheren Sinnesorgane, mit einem Sinnesnerven in mehr oder weniger direktem Zusammenhang steht. Diese subkortikalen Zentren sind der Bulbus olfactorius (1, 4ª), der innere (7) und äußere (5) Kniehöcker und (2, 6 und 8) der Thalamus opticus bezw. globus pallidus, und hiernach sind Feld Nr. 1 und 4 Endstätten der Riechstrahlung, Nr. 5 der Seh- und Nr. 7 der Hörstrahlung, während 2 und 8 allem Anschein nach zu sensiblen Haut- und Muskel-(Gelenk-)nerven in Beziehung stehen. Im Stabkranz von Nr. 6 ist vielleicht *ein Teil* der Schmeckleitung gegeben, da bei Zerstörung der fraglichen Gegend Ageusie beobachtet worden ist (s. u.). Hiernach sind unter den Primordialgebieten für alle peripheren Sinnesorgane kortikale Endstätten enthalten; die Sinne sind vollzählig vertreten durch elementare myelogenetische Felder bezw. Gruppen elementarer Felder, welche ich hinfort als „*primäre Sinnessphären*" bezeichnen will.

Ja über die Zahl der bekannten Sinne hinaus sind distinkte Primordialgebiete vorhanden, sodaß selbst für unbekannte Sinne noch vorgesorgt sein könnte.

Die nach den Primärsystemen sich ummarkenden Fasern (Sekundär-, Tertiär-Systeme FLECHSIG) der Primordialgebiete sind nicht in allen Feldern von der gleichen Qualität. Besonders eigenartige Verhältnisse zeigen Nr. 2 und 2ᵇ; hier entwickeln sich an zweiter Stelle zentrifugale Bahnen, die Pyramidenbahnen, also ein motorisches Projektionssystem, in dritter Linie erst Balkenfasern, noch später fibrae horizontales der grauen Rinde und fibrae arcuatae, weit später mit entfernten Rindenbezirken in Beziehung stehende Assoziationssysteme. In anderen Primordialgebieten (etwa ausgenommen Nr. 5, s. u.) tritt ein motorisches Projektionssystem *zunächst nicht* hervor; an zweiter Stelle entwickeln sich Balkenfasern; in keinem Primordialgebiet erscheinen dieselben an erster Stelle (vergl. u. den Gegensatz bei den Spätgebieten). Bei dem 52 cm langen Mädchen fehlten in Feld 9—12 noch alle markhaltigen Balkenfasern. Aus 1 und 4ª gehen faserreiche markhaltige Züge hervor, welche einerseits Nr. 1 mit Septum pellucidum, Feld Nr. 6 und Subiculum cornu Ammonis (durch den fornix longus), andererseits Nr. 4ª mit dem cornu Ammonis durch das System β (Riech-Schmeckstrahlung?) und mit Nr. 6 verbinden. Der primären Sehstrahlung (im Schrägschnitt 5 Fig. 7) legen sich innen im mittleren Drittel feinste markhaltige Bündel an, welche aus der primären Sehsphäre zu kommen *scheinen* (motorische Bahn der primären Sehsphäre?). Bei einem vier Tage alten, wie es scheint rechtzeitig geborenen, Kinde und der Frucht von 54 cm sondern sich diese Bündel infolge stärkerer Markscheiden deutlicher.

Innerhalb der Rinde finden sich markhaltige Fasern vor allem in Nr. 4^a und 4^b, an letzterer Stelle (Subiculum cornu Ammonis) in großer Zahl auch im Stratum zonale, in Nr. 4^a nur vereinzelt, in beiden Feldern reichlich auch in tieferen Schichten. In Nr. 7 dringen markhaltige Elemente der Hörstrahlung meist schräg in die unteren drei Rindenschichten ein[1]), in Nr. 5 bis in die zweitunterste Schicht. *Außerhalb 1, 2, 3, 4^a, 4^b, 5 und 7 fehlen markhaltige Fasern in der Rinde selbst gänzlich!* Das von mir aufgestellte, von von Monakow, Vogt u. a. auf Grund ungenügender Unterlagen in Zweifel gezogene *Gesetz, daß sich in der Rinde die motorischen Bahnen nach den sensiblen Leitungen entwickeln,* gilt nach vorstehendem *für jedes myelogenetische Feld im einzelnen.* Bei dem Vergleich verschiedener Felder ergibt sich aber, daß z. B. die motorische Pyramidenbahn vor[2]) der (sensiblen) Hör- und Sehstrahlung sich entwickelt. Doch nimmt die Pyramidenbahn eine Ausnahmestellung ein; die übrigen motorischen Bahnen (motorische Abteilung des Fornix inferior, Türksche, Arnoldsche Bündel) ummarken sich erst, nachdem alle eigentlichen Sinnesleitungen markhaltig geworden sind.

Wesentlich andere Verhältnisse in bezug auf die Reihenfolge der Faserentwickelung zeigen die *nach der Geburt* reifenden Rindenfelder. In den meisten derselben stehen Balkenfasern[3]) an der Spitze, in einigen kurze und lange Assoziationssysteme, welche von näheren oder entfernteren Rindenfeldern aus hereinwachsen. Nur drei postmature Felder lassen Ähnlichkeit mit den Primordialgebieten erkennen, nämlich Nr. 13 (Gyrus supraangularis, welcher

---

1) d. h. die fraglichen Fasern sind bis hierher markhaltig bezw. gehen hier in den marklosen Zustand über, s. u.

2) Ich habe dies schon in meinen früheren Publikationen hervorgehoben. Nirgends habe ich angegeben, daß *alle* kortikopetalen Leitungen *vor* allen motorischen markhaltig werden.

3) Diese Felder färben sich infolge dessen an Weigert-Präparaten zuerst in der Nähe der Rinde blau, während sie in tieferen Abschnitten der Markleisten noch gelb erscheinen. Am Gyrus angularis ist dies speziell an Horizontalschnitten sehr deutlich zu erkennen.

sich ähnlich wie Nr. 9 und 12 verhält) und Nr. 15 und 15ª, welche wie Feld 8 zuerst Stabkranzfasern markhaltig zeigen, im Entwickelungsgang sich also den primären Sinnessphären als letzte Abteilung anschließen.[1]) In allen übrigen späteren Rindenfeldern sind es uni- oder bilaterale Assoziationssysteme, welche an erster Stelle markhaltig werden.

Schon in bezug auf die Natur der Primärsysteme ist hiernach ein durchgreifender Unterschied zwischen Primordial- und Spätgebieten (mit nur einer Ausnahme) gegeben. Wenn SIEMERLING, VON MONAKOW u. a. diese geradezu typischen Unterschiede übersehen und demgemäß ein unzutreffendes Bild des Entwickelungsganges entworfen haben, so liegt dies nicht lediglich an ihrem überaus mangelhaften Untersuchungsmaterial, sondern nicht minder an der ungenügenden Durcharbeitung desselben. Sagittal- und Horizontalschnitte ergeben weit bessere Übersichtsbilder als frontale Serien.

Eine der Hauptfragen in bezug auf die Spätgebiete ist, in welchem Verhältnis dieselben zu den primären Sinnessphären stehen. Treten mit ersteren neue Sinnessphären auf, oder bilden die späten Felder Zonen, durch welche die primären Sinnessphären einfach vergrößert werden? *Beides ist bis auf 15 und 15ª zu verneinen.* Schon die 4 letzten Primordialgebiete (9—12) lassen sich nicht ohne weiteres unter den Begriff von Sinnessphären bringen. Es lassen sich (keineswegs lediglich infolge mangelnder Reife) zu keinem dieser Felder mit Sicherheit Fortsetzungen eines bestimmten Sinnesnerven verfolgen. Diese Felder stellen allerdings wie die primären Sinnessphären *autonome* Entwickelungszentren dar, Gebiete von selbständiger Entwickelung, indem sie sich nicht an schon früher gebildete angliedern. Eine große Ähnlichkeit mit ihnen bietet das Feld Nr. 13 dar, sodaß also die Felder 9—13 diesen eigenartigen Typus repräsentieren: autonome Entwickelungsgebiete ohne kortikopetale Projektionssysteme von *bekannter Bedeutung*[2]) — aber deshalb nicht ohne *alle* Projektionssysteme. Ich

1) Dieses Feld erhält noch (vgl. u.) ein weiteres Stabkranzbündel, welches sich durch seine überaus späte Ummarkung auszeichnet — den vorderen Sehhügelstiel, welcher erst im dritten bis vierten Monat durchgehend markhaltig wird.

2) Daß sich zu Nr. 9 und 12 frühzeitig Fasern der sekundären (inneren) Sehstrahlung verfolgen lassen, beweist an sich nicht, daß man es hier mit *optischen* Leitungen zu tun hat. Es könnte sich auch um

will sie kurz als *zweite Gruppe* der Primordialgebiete den die erste Gruppe repräsentierenden primären Sinnessphären gegenüberstellen. Was von letzterer Gruppe gesagt wird, gilt nicht ohne weiteres für Gruppe Nr. 2. Erst von Nr. 16[1]) an tritt eine weitere große Abteilung von Feldern in die Entwickelung ein, welche sich sowohl von der ersten als der zweiten Gruppe der Primordialgebiete durch die Stellung ihrer Fasern ganz wesentlich unterscheidet. Die Felder 16 bis 36 legen sich sämtlich an schon vorher entwickelte an (wodurch sie sich von Nr. 1—7, 9—13 unterscheiden), entbehren aber außerdem noch eines Stabkranzes, wodurch sie von 1—7, 8 und 15 abweichen. Demgemäß *sind sensu-motorische Bahnen in ihnen nicht nachgewiesen.* Die Felder Nr. 16 etc. legen sich den primären Sinnessphären und den Feldern der Gruppe II von allen Seiten her an; es besteht aber von vornherein ein wesentlicher Unterschied gegenüber den Feldern 8 und 15, welche zwar sich gleichfalls an schon entwickelte Zonen angliedern, aber entschieden einen mehr selbständigen Eindruck machen, da sie mit besonderen Stabkranzblättern ausgestattet sind und so mit besonderen Abschnitten („Kernen") der Sehhügel in direktem Zusammenhang stehen, von welchen aus sie ohne Vermittelung eines anderen Rindenfeldes erregt werden können. Demgegenüber lassen sich für *keines* der Felder 16—36 *Projektionssysteme* von und nach subkortikalen Zentren *einwandsfrei* nachweisen. Ist hierin zunächst ein anatomischer Unterschied gegeben, so entspricht demselben auch ein entwickelungsgeschichtlicher, da die stabkranzfreien Gebiete eben alle später als die Felder 1—15 Mark erhalten. Mit Rücksicht hierauf könnte es zweckmäßiger erscheinen, die Primordialgebiete bis zu Nr. 15 auszudehnen. Es ist mir aber ein Entwickelungsstadium, bei welchem in allen Feldern 1—15 die Markbildung begonnen hat, während

andersartige Projektions-, ja um Balkenfasern handeln (s. u.), da große Massen Balkenbündel in die Sehstrahlung eintreten, um sie nach kürzerem oder längerem Verlauf wieder zu verlassen.

1) Vielleicht gehört auch Nr. 14 hierher, welches sich annähernd gleichzeitig mit Nr. 15 (hintere Abteilung?) entwickeln dürfte und eventuell richtiger mit Nr. 15 zu bezeichnen ist. Die Stellung des Feldes 14 läßt sich endgültig erst nach Umgrenzung der Ursprünge der Türkschen Bündel klarlegen. Entspringen sie zum Teil in Nr. 14, so gliedert sich letzteres den Primordialgebieten an als motorische Zone der Hörsphäre. — Vergl. u. die Bemerkungen zur Pathologie.

16—36 noch völlig frei sind, in Wirklichkeit noch nicht vorgekommen und so zunächst außer Acht zu lassen. Daß die Felder 16—36 eines Stabkranzes entbehren, lehren übereinstimmend die Befunde an 12 von mir untersuchten Kindern im Alter von $3^1/_4$ Monat bis zwei Jahren.[1]) Wenn VON MONAKOW angibt, schon bei dem (*einzigen* von ihm genauer untersuchten) Kind von $3^1/_2$ Monat[2]) „überall" einen Stabkranz gefunden zu haben, so handelt es sich in der Hauptsache um Verwechselungen von Balken- und Projektionsfasern. Die ersteren müssen den Stabkranz an vielen Stellen durchqueren, um zur Mittellinie zu gelangen.

Tatsächlich sind noch beim überreifen Neugeborenen eine ganze Anzahl mächtiger Stabkranzbündel marklos. Es sind:

1) ein erheblicher Teil der sekundären Sehstrahlung (FLECHSIG) unten,

2) der hintere obere Sehhügelstiel,

3) der vordere Sehhügelstiel (mittlere Etage),

---

1) Es erledigt sich hiermit der Einwand, ich habe den Stabkranz in vielen Bezirken deshalb übersehen, weil ich nur jüngere Individuen, bei welchen der Stabkranz nur zum Teil markhaltig ist, untersucht habe. Übrigens zeigen auch gut gefärbte feine Schnitte durch das Gehirn Erwachsener, daß weder mikro- noch makroskopisch ein Stabkranz in Feld 16—36 nachweisbar ist. Vergl. unten die Bemerkungen zur Pathologie, wo die angeblichen pathologischen Beweise für die Existenz eines Stabkranzes in allen Windungen auf ihre wirkliche *(negative!)* Bedeutung zurückgeführt sind.

2) Wenn VON MONAKOW angibt, er habe bei diesem Kind den Stabkranz des Gyrus angularis schon makroskopisch wahrgenommen, so handelt es sich allem Anschein nach um die hintersten Bündel des Stabkranzes der *hinteren Zentralwindung* (vergl. Fig. 7 hinter 2) bezw. den unter dem Gyrus angularis hinwegziehenden mächtigen Stabkranz des Gyrus fornicatus bezw. hippocampi, mit welchem sich mächtige Balkenbündel aus dem Gyrus angularis durchflechten. Letztere Stabkranzbündel werden bereits im zweiten Monat nach der rechtzeitigen Geburt markhaltig, lange bevor im Gyrus angularis markhaltige Fasern auftreten. Besser als $3^1/_2$ Monat alte Kinder eignen sich rechtzeitig geborene, welche drei Monate gelebt haben. Hier ist in der Regel der ganze Stabkranz markhaltig, während im Gyrus angularis etc. selbst die Balkenfasern nur in der Nähe der Rinde Markscheiden zeigen. Viele in das tiefe Mark des Angularis eingetretene Stabkranzbündel verlassen dasselbe wieder, um anderweit zu enden (vergl. u.). Einen Stabkranz „des Gyrus angularis" stellen derartige Elemente natürlich nicht dar, sondern einen Stabkranz *im* G. ang.

4) die ARNOLDschen Bündel,
5) die TÜRKschen Bündel des Hirnschenkelfußes,
6) der Fornix inferior (motorische Portion).

Die meisten dieser Faserzüge erhalten erst zwischen dem zweiten und vierten Lebensmonat durchgehends Markscheiden, aber sie stehen nicht, wie man bei oberflächlicher Betrachtung denken könnte, zu späten Rindenfeldern in Beziehung, sondern *trotz ihrer späten Entwickelung sämtlich zu Primordialgebieten*; die ARNOLDschen Bündel zu dem unteren Drittel der Zentralwindungen (5^b), der Fornix inferior zum Gyrus hippocampi.[1]) Der vordere Sehhügelstiel, weit entfernt, sich in den Terminalgebieten des Stirnlappens aufzulösen, oder im Feld Nr. 28 (Stirnpol), wendet sich auf- und rückwärts gegen die Felder 15, 15^a, 8, 8^b, 4^b, also frühe Gebiete. Der hintere obere Sehhügelstiel tritt vom Gyrus fornicatus bezw. hippocampi her in großem Bogen zum Stabkranz; Faserzüge dieser Herkunft bilden auch im unteren Abschnitt der sekundären Sehstrahlung einen Teil der spätentwickelten Fasern. Es bleibt so schließlich nur das TÜRKsche Bündel, dessen Ursprung bisher ebensowenig einwandsfrei festgestellt worden ist wie seine (motorische?) Funktion. Nach meinen Erfahrungen kommt es zum Teil wenigstens aus der Hörsphäre (Feld 7), doch scheint es nicht einheitlich zu sein, da ein Teil (wohl fast die Hälfte der Fasern) bereits bei

1) Diese Tatsache ist fundamental; sie zeigt einwandsfrei, daß aus den *frühesten* Primordialgebieten *spätreifende* Projektionsbündel hervorgehen können. (Dies gilt z. B. auch von der vorderen Kommissur.) Der Schluß von C. VOGT, daß die spätentwickelten Stabkranzbündel des Hirnschenkelfußes etc. immer aus Terminalgebieten hervorgehen, entbehrt der sachlichen Begründung; es handelt sich lediglich um Vermutungen. Übrigens zeigt die Pyramidenbahn dasselbe Verhalten zu einer Sinnessphäre wie der Fornix inferior; sie kommt wenigstens *zum Teil* aus dem Ausstrahlungsbezirk (2, 2^b) kortikopetaler Leitungen (der „Taststrahlung" s. u.), gehört also *nicht durchgehends* einem *rein* motorischen Feld an. Die kortikalen Zentren der zweifellos motorischen Leitungen stehen sonach zu primären Sinnessphären in nächsten räumlichen Beziehungen. Auch die einzige *Spätzone* (15), welche einen Stabkranzteil erhält, ist nur ein spätreifendes Segment einer Gruppe von *Sinnessphären*. Insofern es sich hier um eine für das Gesamtverständnis der Rindengliederung überaus wichtige Tatsache handelt, bedeutet die Behauptung, die gesamte Großhirnrinde des Menschen sei *gleichmäßig* mit *Projektionsfasern* ausgestattet, m. E. eine *fundamental falsche* Auffassung der menschlichen Rindenorganisation.

einem 16 Tage alten Kind markhaltig gefunden wurde, der Rest in der Regel erst mehrere Monate später. Es ist durchaus nicht ausgeschlossen, bedarf aber noch der Bestätigung, daß auch dieser Rest wie die übrigen fünf Spätsysteme des Stabkranzes aus einem Primordialgebiet[1]) hervorgeht. Sonach bleiben überhaupt keine irgendwie umfänglichen Stabkranzbündel für die Felder 16—36 übrig; Projektionsfasern *können schon deshalb* nur ganz vereinzelt in ihnen auftreten.[2])

Ich habe die Felder 16—36, wie bereits erwähnt, nicht nur entwickelungsgeschichtlich in Intermediär- und Terminalgebiete, sondern auch *anatomisch* in Randzonen und Zentralgebiete eingeteilt. Daß diese Unterscheidung physiologisch von besonderer Bedeutung ist, kann *fraglich* erscheinen; hingegen ist es vergleichend anatomisch bezw. phylogenetisch von hohem Interesse, festzustellen, welche Rindenfelder die Schlußsteine in der Entwickelung[3]) speziell des menschlichen Gehirns darstellen und welches die anatomische Stellung dieser Terminalgebiete, bezw. ihrer Leitungsbahnen ist. Hierbei ergibt sich, daß speziell die drei letzten Felder eigenartige Verhältnisse darbieten. Die übrigen Felder gliedern sich meist deutlich je einem bestimmten Primordialgebiet an, zu welchem sie durch Assoziationssysteme, besonders fibrae arcuatae, in besonders innige Beziehung treten, z. B. Feld 16 zum oberen Drittel der hinteren Zentralwindung bezw. Lobulus paracentralis, Feld 18 zum zweiten (obersten) Viertel der vorderen Zentralwindung etc. Hier walten offenbar enge funktionelle Beziehungen ob, wenn die betreffenden Felder auch später noch mit

1) Es würde mit *allen sonstigen Erfahrungen* über den Stabkranz im Widerspruch stehen, wenn man annehmen wollte, daß auch nur ein Teil der TÜRKschen Bündel aus einem Terminalgebiet hervorgeht.

2) Es scheint mir nicht überflüssig zu betonen, daß ich von Anfang an nur die *Existenz eines Stabkranzes* in den „Assoziationszentren" negiert habe, nicht das Vorkommen *vereinzelter* Projektionsfasern — soweit reicht ja die Zuverlässigkeit keiner der am menschlichen Gehirn anwendbaren Methoden. Ich habe auch nicht auf Grund rein negativer Befunde die ungleiche Verteilung der Projektionsbündel behauptet, sondern vor allem, weil ich die vermeintlichen Stabkranzbündel der Felder 16—36 *nach anderen Rindengebieten direkt* verfolgen konnte.

3) Z. B. auch gegenüber der wohl zweifellos berechtigten Frage, inwiefern sich auf myelogenetischem Weg eine Vorstellung über etwaige *Zwischenstufen zwischen Anthropoiden und Mensch* gewinnen läßt.

anderen Feldern (Terminalgebieten) in Verbindung treten. Ich habe es für zweckmäßig gehalten, durch eine besondere Bezeichnung alle die Felder, welche sich Primordialgebieten anlegen, hervorzuheben und habe sie zunächst einfach „Randzonen" genannt, wobei ich von der Hypothese ausging, daß diese Felder zwar ihren ganzen anatomischen Verhältnissen (leitenden Verbindungen) nach zu den Assoziationszentren gehören, daß sie aber hauptsächlich von den benachbarten Primordialgebieten aus erregt bezw. in Tätigkeit versetzt werden und somit zu letzteren im engsten funktionellen Zusammenhang stehen — letzteres deshalb, weil die fibrae arcuatae der Randzonen (wenigstens die Primärsysteme), welche sie mit benachbarten Primordialgebieten verknüpfen, von letzteren aus sich entwickeln — und so allem Anschein nach auch vom Primordialgebiet zur Randzone leiten. Die Qualität der Erregungen, welche den letzteren zufließen, würde hiernach durch das anliegende Primordialgebiet bez. dessen Projektionssysteme bestimmt. Jedes[1]) Primordialgebiet ist von einem Kranz von Randzonen umgeben, welche der Entwickelungszeit nach große Differenzen zeigen, z. B. die Zone 2 von den Feldern 16, 18, 18^b, 19, 22, 26 etc. Die Markbildung schreitet also nicht etwa von den Primordialgebieten aus in konzentrischen Ringen weiter auf die Umgebung, wie O. Vogt auf Grund unzulänglicher Untersuchungen behauptet, sondern felderweise, wobei im allgemeinen der Satz gilt, daß sich früheren Primordialgebieten frühe, späteren Primordialgebieten späte Randzonen angliedern. Die Ziffern der Felder zeigen deutlich dieses Verhältnis; wo sich Abweichungen finden, werden vielleicht genauere Untersuchungen an einem vollständigeren Material die scheinbaren Ausnahmen beseitigen.

Den Randzonen gegenüber nehmen die 3 letzten Terminalgebiete eine eigenartige Stellung insofern ein, als sie nicht vorwiegend zu einem bestimmten Primordialgebiet in nächster Beziehung stehen, sondern sich zwischen eine größere Zahl Randzonen einschieben, und offenbar nahe Beziehungen zu *vielen* dieser letzteren wie zu einer *Reihe* von Primordialgebieten erkennen lassen. Diese abweichende Stellung wird besonders deutlich illustriert durch die Tatsache, daß die Terminalgebiete besonders reich an langen

---

1) Nicht lediglich die primären Sinnessphären, sondern auch alle Felder der zweiten Gruppe — der Hauptgrund für die Differenzierung einer *so großen Anzahl* myelogenetischer Felder.

Assoziationssystemen sind, welche sich spät, d. h. überhaupt zuletzt von allen Faserzügen entwickeln. Ich habe deshalb für diese Gebiete den Namen „Zentralgebiete" in Anwendung gebracht, es handelt sich speziell um 34, 35 und 36. Die Terminalgebiete der Insel und des Präcuneus lassen sich eventuell als späte[1]) Randzonen benachbarter Sinnessphären auffassen (Riech- und Schmecksphäre?). Insel und Präcuneus, welche eine auffallende Ähnlichkeit in der Zusammensetzung aus Feldern (ganz überwiegend Randzonen und je eine schmale primäre Sinnessphäre) erkennen lassen, bilden vielleicht eine besondere Gruppe von Zentren gegenüber den drei großen Terminalgebieten des äußeren Parietal-, Temporal- und Frontallappens. *Doch sind meine Studien hier noch nicht hinreichend abgeschlossen, um eine ganz klare Formulierung dieser Differenzen zu ermöglichen.*

Die Lehre von den Randzonen und Zentralgebieten bedarf überhaupt noch einer weiteren gründlichen Durcharbeitung.

Hiernach würden sich die sämtlichen Rindenfelder einteilen in

1. Primordialgebiete:
   a. 1. Gruppe: primäre Sinnessphären,
   b. 2. Gruppe: autonome Felder unbekannter Bedeutung.
2. Spätgebiete:
   a. zu 1a und b gehörige Felder (15, 15ª, 13, 14?),
   b. Randzonen } Assoziationszentren.
   c. Zentralgebiete } Assoziationszentren.

Von diesen Gebieten sind am schärfsten umgrenzbar und am besten charakterisiert die primären Sinneszentren — nicht nur infolge der klaren Stellung ihrer Faserzüge, besonders der Primärsysteme, sondern auch wegen des charakteristischen Baues der Rinde.

B. Wenn irgend etwas die Leistungsfähigkeit der myelogonetischen Methode beweisen kann, so ist es die Tatsache, daß die Rindengliederung, wie sie bei reifen Neugeborenen hervortritt, *unmittelbar* erkennen läßt, wo in der Rinde Felder von *besonderem Bau* zu finden sind. Die Forschung gelangt hier, wenn sie dem

1) Für das temporale Terminalgebiet könnte man dasselbe behaupten, da es sich an die erste Temporalwindung breit anlegt. Indes halte ich den äußeren freiliegenden Teil der ersten Temporalwindung bis auf etwa 2 qcm nicht für eine primäre Sinnessphäre, sondern eine Randzone der Hörsphäre, sodaß auch Nr. 36 auf allen Seiten von Randzonen umgeben sein würde.

Wink der Natur folgt, unmittelbar zu Aufschlüssen, wie sie sonst nur durch überaus mühsame Untersuchungen nur unvollkommen erreicht werden können. Man vergleiche nur die Auswahl, die z. B. HAMMARBERG, v. KÖLLIKER u. a. getroffen haben, um die Frage nach lokalen Strukturunterschieden innerhalb der Rinde zu studieren — und man wird ohne weiteres erkennen, wie irrationell die von diesen sorgfältigen Forschern untersuchten Rindenfelder teilweise ausgewählt sind.

Alle primären Sinnessphären haben eine besondere Bauart der Rinde in bezug auf Anordnung der Ganglienzellen *und Nervenfasern* zu Schichten, teilweise auch die Form der Neurone dergestalt, daß ein geübter Beobachter mit Sicherheit Schnitte auf ihre Herkunft bestimmen kann. Dabei besteht in der *groben* Anordnung eine *gewisse* Ähnlichkeit zwischen einzelnen peripheren Sinnesorganen und ihren kortikalen Repräsentanten. Der vielschichtigen Netzhaut entspricht die an Schichten reichste Rindenzone (Gebiet des VICQ d'AZYRschen Streifens), der einschichtigen Riechschleimheit die meist schichtenarme Riechsphäre. Die (zu den Geschmacksorganen in Beziehung stehenden?) inselförmigen Zellgruppen des Subiculum cornu Ammonis sind, wie der VICQ d'AZYRsche Streifen schon mit bloßem Auge sichtbar. Speziell das Gebiet des letzteren, d. h. die primäre Sehsphäre weist überaus scharfe, ja man kann sagen *lineare* Grenzen auf. Andererseits finden sich die spezifischen Merkmale durch die gesamte Ausdehnung jeder dieser Sinnessphäre hindurch in gleicher Weise. Nirgends gehen diese *besonderen Strukturen über die durch die frühe Markbildung herausgehobenen primären Sinnessphären hinaus.* Was außerhalb liegt, gehört nicht mehr zu ihnen. Diese Tatsachen sind von grundlegender Bedeutung für die Frage nach dem Umfang der Sinnessphären in der Hirnrinde und ihrer ganzen Stellung im Organismus. Offenbar sind in ihnen zentrale *Wiederholungen der peripheren Sinnesflächen* zu erblicken, und die Übereinstimmung beider bezieht sich nicht nur auf die schon angedeuteten gröberen Struktureigentümlichkeiten, sondern auch auf die Größenverhältnisse und auf die Ausstattung mit motorischen Apparaten (ganz wie in den peripheren Organen). Es erscheint zum Beweis dieser Sätze notwendig, jede einzelne primäre Sinnessphäre für sich daraufhin zu betrachten. Ich gehe hierbei aus von den Befunden an dem 52 cm langen Mädchen als den für die rechtzeitig geborene Frucht typischen. Wenn die hier nachweisbare Ausdehnung der markhaltigen Rindenfelder auch nur eine relativ kurze Zeit *im wesentlichen* unverändert bestehen bleibt, so stellt doch gerade diese Entwickelungsphase eine prinzipiell überaus wichtige Etappe dar, die Stufe der reinlichen Sonderung der primären Sinnessphären; die markhaltigen Fasern beschränken sich auf Rindenbezirke von besonderer Struktur.

Diesen Punkt vermag nur der zu erkennen und in seiner ganzen Bedeutung zu würdigen, welcher die Entwickelungsverhältnisse vorher und nachher genau erfaßt. Bei der oberflächlichen Prüfung eines ungenügenden Materials wird wenig Aussicht sein, daß er gefunden werde; um seine Existenz nachzuweisen, ist es notwendig, *sämtliche* Schnitte einer *lückenlosen,* gleichmäßig gutgefärbten Serie einer wirklich rechtzeitig geborenen Frucht zu untersuchen!

Diese Entwickelungshöhe läßt vor allem die Ausdehnung der primären Seh- und Hörsphäre deutlich hervortreten.

a) Die von den primären *Sehzentren* nach hinten ziehenden starken Fasern (primäre Sehstrahlung FLECHSIG[1])) gelangen *mit ganz vereinzelten Ausnahmen* in die Lippen der Fissura calcarina, den Gyrus descendens und einen dem Pol anliegenden Abschnitt der 3. Occipitalwindung. Der letztere Teil der Sehsphäre variiert individuell beträchtlich. Mitunter ist er kaum deutlich unterscheidbar, mitunter umfaßt er (wie bei Anthropoiden) fast die Hälfte der 3. Occipitalwindung; auf Fig. 2 ist er ungewöhnlich groß. Infolge der beträchtlichen Tiefe der Fissura calcarina ist die Ausdehnung der primären Sehsphäre ganz erheblich viel größer als man von außen bemerkt. Die markhaltigen Elemente gehören im wesentlichen der *„primären Sehstrahlung“* an (äußere sagittale Schicht) und sind bis an die zweitunterste Rindenschicht[2])

1) VON MONAKOW erblickt in dieser Schicht immer noch ein Assoziationssystem, während die Mehrzahl der neueren Arbeiten sich ganz oder *teilweise meiner* Anschauung (daß der sog. fasciculus longitudinalis inferior BURDACHS die eigentliche optische Leitung darstellt) angeschlossen hat. Die VON MONAKOWsche Darstellung der Sehsphäre ist nach *vielen* Richtungen hin (Umfang, Leitungsbahnen etc.) ungenau; die hypothetischen Konstruktionen überwiegen bei weitem die wirklich gesicherten Tatsachen (vergl. u. Pathologie).

2) Die Fasern sind, wie Vergleiche mit Silberbildern lehren, markhaltig *bis zu den ersten Bifurkationen* in der Rinde; nimmt man an, daß die Markscheiden für das ausdauernde Funktionieren von Wichtig-

(die 8. bei Ramon y Cajal) als markhaltige Radiärfasern nachweisbar. Die Horizontalfasern, speziell der Vicq d' Azyrsche Streifen sind noch völlig marklos. Die primäre Sehstrahlung ist in ganzer Höhe markhaltig; etwa in der Mitte zwischen dorsaler und zentraler Kante liegen ihr feine markhaltige, zu distinkten Bündeln geordnete Fasern an, welche schon zur sekundären Sehstrahlung gehören: „Primärsystem der sekundären Sehstrahlung" (motorische Bahnen?). Dorsal und ventral von ihnen ist die sekundäre (die innere sagittale Schicht der) Sehstrahlung noch marklos. Aber auch bei Ummarkung letzterer Fasern, welche ziemlich spät erfolgt, sind in die Nr. 5 umgebende Rindenzone Nr. 17 nicht mit Sicherheit größere Mengen von Projektionsfasern zu verfolgen. In der Mitte der Außenfläche der 1. Occipitalwindung differenziert sich zwar ein kleiner Abschnitt dadurch, daß hier bald nach der Reife zahlreiche Fasern markhaltig werden — aber nicht nur, daß der ganze Charakter dieser Fasern weit mehr kortikofugalen Elementen[1]) gleicht, so verlaufen sie auch meist deutlich durch die primäre Sehstrahlung hindurch bis an die Balkenschicht. Hiernach ist es nicht gerechtfertigt, aus dem oben erwähnten Befund ganz vereinzelter Fasern, welche schon frühzeitig aus der primären Sehstrahlung in Feld 17^b (Fig. 3) gelangen, den Schluß zu ziehen, daß die Sehsphäre in eine spezifisch gebaute Abteilung (Bezirk des Vicq d'Azyrschen Streifens) und in eine diese umgebende nicht spezifisch gebaute (Typus der „Assoziationszentren") zerfällt.

Viel näher liegt die Deutung, daß die vereinzelten Projektionsfasern, welche in Nr. 17^b eintreten, *aberrierte* Elemente darstellen, wofür auch spricht, daß sie *keinerlei* Regelmäßigkeit in

---

keit sind, d. h. daß markhaltige Fasern weniger rasch ermüden, als marklose, so ist durch Ummarkung der optischen Leitungen, bis in die Hirnrinde herein, dafür gesorgt, daß optische Eindrücke nacheinander in größerer Zahl bis zur Rinde geleitet werden können. Die Sehsphäre wird somit von der Geburt an mit optischen Eindrücken gespeist. Ob der Mangel an Markscheiden jenseits der Bifurkationen Einfluß auf die Schärfe der optischen Eindrücke hat, bleibt dahingestellt; die marklosen Endverzweigungen der optischen Bahnen in der Hirnrinde sind, wie aus Ramon y Cajals Untersuchungen hervorgeht, beim neugeborenen Menschen vollständig ausgebildet.

1) Die Anordnung der Fasern in der Rinde hat manche Ähnlichkeit mit den Feldern Nr. 12 und 13.

der Anordnung zeigen und individuell variieren. In die Rinde des Gyrus angularis habe ich aus der primären Sehstrahlung Fasern nicht verfolgen können, weder beim Neugeborenen noch später. VON MONAKOW läßt aus dem mittleren Teil der Sehstrahlung bei einem 3 1/2 Monat alten Kind Faserbündel direkt nach außen in das untere Scheitelläppchen[1]) ziehen; eine sorgfältige Vergleichung vieler Altersstufen ergibt, daß hier eine Verwechselung vorliegt.

b) Als primäre *Hörsphäre* (7 Fig. 1) betracht ich die *Querwindung*[2]) des Schläfenlappens. Lediglich in diesem Rindenabschnitt verzweigen sich die *zuerst markhaltigen Fasern* des Schläfenlappens. Ist es an sich schon sehr wahrscheinlich, daß das Primärsystem des Schläfenlappens eine kortikopetale Leitung darstellt, so wird diese Ansicht weiter gestützt durch die Tatsache, daß dieses Primärsystem nach innen direkt bis in die Gegend des inneren Kniehöckers verfolgt werden kann. Dieser

1) VON MONAKOWS Abbildungen (Arch. für Psych., Bd. 31. Taf. I enthalten keinerlei Beweise für die Richtigkeit dieser Deutung. Fig. 1, ein Frontalschnitt, welcher noch in den Bereich der *vorderen* Zentralwindung und der Fossa Sylvii fällt, wird als Schnitt durch den Parieto-*Occipital*lappen (!) bezeichnet. Fig. 2 und 3 zeigen den angeblichen Stabkranz des gyrus angularis in *rein schematischer* Darstellung. Der gyrus angularis fällt überhaupt nicht in den Bereich dieser Schnitte! Was VON MONAKOW als Stabkranz des unteren Scheitelläppchens bezeichnet, deckt sich mit meinem „Primärsystem" der sekundären Sehstrahlung. Da ich dessen Bündel bereits bei einem 4 Tage alten reifgeborenen Kind mit starken Markscheiden ausgestattet fand, während der Gyrus angularis noch völlig marklos war, so ist VON MONAKOWS Deutung unhaltbar. Es könnte sich nur fragen, ob das Primärsystem der sekundären Sehstrahlung zum Gyrus *subangularis* oder zu Feld 5 bezw. 9 in Beziehung steht; auch ersterer erhält schon bei reifen Neugeborenen aus der Sehstrahlung markhaltige Bündel und läßt schon 1 Woche nach der reifen Geburt überwiegend markhaltige Fasern erkennen. Indes vermochte ich die Endausbreitung nicht völlig befriedigend zur Anschauung zu bringen.

2) Daß der innere Kniehöcker in die Cochlearisleitung eingeschaltet ist, wurde zuerst von mir und v. BECHTEREW *myelogenetisch* nachgewiesen. Sein Zusammenhang mit dem Schläfenlappen ist an sich kein hinreichender Beweis für seine Beziehung zum Hörnerven, ebensowenig wie daraus, daß im Anschluß an temporale Herderkrankungen durch Vermittelung der TÜRKschen Bündel Teile des großen *Brückenganglion* degenerieren, folgt, daß *letzteres* zum Hören in Beziehung steht.

Verlauf läßt sich an geeigneten Präparaten *direkt sehen.* Der Zusammenhang mit dem inneren Kniehöcker wird hierdurch allerdings nicht streng bewiesen, sondern nur wahrscheinlich gemacht. Nimmt man diesen Zusammenhang an, so wird man auch nur die Ausbreitungszone dieser „primären Hörstrahlung" als primäre Hörsphäre[1]) betrachten dürfen. Nur ein ganz geringer Teil der Fasern gelangt an die Außenfläche der 1. Schläfenwindung, unmittelbar neben der Querwindung. Die 1. Schläfenwindung gehört deshalb mit Ausnahme dieses kleinen 1—2 qcm großen Stückes *nicht* zur primären Hörsphäre.[2]) Die Fasern der „Hörstrahlung" sind bis in die Rinde hinein markhaltig, in größerer Zahl im Bereich der unteren 2 Schichten, vereinzelt auch in der drittuntersten. Dort, wo sie eindringen, ist die Rinde *um mehr als das Doppelte dicker als in den benachbarten Gebieten.* Die Grenze dieser dickeren bereits markhaltigen Hörrinde gegen die umgebenden marklosen Zonen ist von linearer Schärfe; die Rinde nimmt mit einem Schlag an Dicke zu. Es kommt dies auf Rechnung der Zunahme einesteils der Schichtenzahl anderenteils der Dicke jeder einzelnen Schicht.[3]) Dies ermöglicht eine scharfe Abgrenzung, obwohl sich der Bau der Hörsphäre (wie der Tastsphäre s. u.) viel weniger scharf von dem Typus der Assoziationszentren unterscheidet als Seh- und Riechsphäre. Ein motorisches System, welches *bald* nach der primären Hörstrahlung markhaltig

---

1) Sind zwei Querwindungen vorhanden, so ist meist die vordere: die Hörsphäre, gelegentlich auch beide.

2) Hierin weiche ich von allen Neueren ganz erheblich ab. Da früher überhaupt niemand imstande gewesen ist, sichere Prinzipien für die Abgrenzung der kortikalen Hörsphäre (= Projektionsfeld der Hörleitung) aufzustellen, so war man bisher im wesentlichen auf Vermutungen angewiesen: Die Pathologie (vergl. u.) ist nicht in der Lage, selbständig die Hörsphäre zu umgrenzen. Weder bei VON MONAKOW, noch bei WERNICKE u. a. findet man demgemäß einen Hinweis darauf, daß lediglich die temporale Querwindung die Hörsphäre darstellt — ausschließlich die Myelogenese gibt einen Fingerzeig.

3) Es erscheint mir nicht sicher, daß RAMON y CAJAL seinem Studium der Hörsphäre mittelst der Silberfärbung *allenthalben* meine primäre Hörsphäre zugrunde gelegt hat. Er spricht ganz im allgemeinen vom Bau der 1. Temporalwindung; ob er den kleinen der Querwindung unmittelbar anliegenden Abschnitt dieser Windung getroffen hat, vermag ich aus seinen Mitteilungen nicht immer zu ersehen; indes spricht Fig. 15 in „Die Hörrinde" entschieden dafür.

wird, habe ich nicht nachweisen können. Die Fasern, welche sich bald nach der rechtzeitigen Geburt ummarken, machen durchaus den Eindruck von Balkenfasern und Fibrae arcuatae. Schon in der 1. Woche nach der Reife erhalten Fasern der 1. Temporalwindung vor und hinter der primären Hörsphäre (Feld Nr. 14 und 14^b Fig. 3) in großer Zahl Markscheiden. Ich habe darunter nicht mit Sicherheit kortikopetale Stabkranzfasern auffinden können.[1]) Es gliedert sich also nicht ein weiteres sensibles Projektionsfeld an die primäre Hörsphäre an. Durch das Auftreten jener Fasern geht die scharfe myelogenetische Umgrenzung der primären Hörsphäre verloren.[2]) Nach der Reife ist deshalb die Hörsphäre auf myelogenetischem Wege nicht mehr abgrenzbar. Höchst wahrscheinlich ist es, daß die Querwindung und Teile der 1. Temporalwindung zu einer *spät*entwickelten kortikofugalen Leitung in Beziehung stehen, zum TÜRKschen Bündel (MEYNERT), welches sich also zur primären Hörsphäre verhält wie die Pyramidenbahn zu den Zentralwindungen. Der Ursprung dieses Bündels ist myelogenetisch nicht scharf zu umgrenzen (vergl. u.). — Die primäre Hörsphäre hat kaum die halbe Größe der Sehsphäre, d. h. dem stärkeren Sinnesnerv, dem größeren sensiblen Endorgan entspricht ein größeres Rindenfeld. Auf Frontalschnitten[3]) läßt sich nachweisen, daß die in die linke primäre Hörsphäre eintretende *Hörstrahlung* erheblich stärker ist als die rechte; dafür, daß auch die Größe der *Hörsphäre* entsprechend variiert, habe ich Beweise bisher nicht auffinden können. Immerhin bleibt der größere Faserreichtum der linken Hörstrahlung bemerkenswert im Hinblick darauf, daß in der Regel nur die linke Hörsphäre befähigt ist, Sprachlaute bez. Worte rasch und sicher aufzufassen bez. zu unterscheiden.

c) Zone der Zentralwindungen.

Sowohl gegenüber der Seh- wie der Hörsphäre zeigt diese Zone bemerkenswerte Eigentümlichkeiten, welche von vornherein darauf hinweisen, daß man es hier nicht mit einer *einfachen*

---

1) Es fällt hiermit auch die Möglichkeit fort, irgendwelche erst nach meiner „Hörstrahlung" sich entwickelnde Stabkranzbündel als die eigentlichen Leitungen der Gehörseindrücke zur Rinde hinzustellen und hierdurch die von mir angegebene Hörstrahlung dieser Bedeutung zu entkleiden.

2) Dies gilt für *alle* Sinnessphären nach Ummarkung der ersten Balkenfasern in den Randzonen.

3) Desgl. an Sagittalschnitten.

primären Sinnessphäre zu tun hat, wie bei jenen. Die Besonderheiten erscheinen noch augenfälliger, wenn man die Felder 15 und 15a zur Zentralzone hinzurechnet. Sie bestehen in erster Linie in der großen Zahl durch die sukzessive Ummarkung sich sondernder Projektionssysteme, welche zu der Zentralzone in Beziehung treten:

a) *kortikopetal* sich entwickelnde, welche der Entwickelungszeit nach sich in folgende Reihe ordnen:

α) ein kleines Bündel (ca. 100 Fasern), welches vom globus pallidus[1]) zum oberen Drittel der Zentralwindungen zieht, zumeist in die vordere, zum kleineren Teil in die hintere (34 cm)[2]);

β) ein größeres aus dem ventro-lateralen Kern des Thalamus (hintere Abt. — Schleifenkern [DEJERINE]) zu dem oberen Drittel der Zentralwindungen (38 cm);

γ) starke Bündel aus dem globus pallidus ebendahin.

Beide Faserzüge (β und γ) gelangen überwiegend in die hintere Zentralwindung, nur ein kleiner Bruchteil in die vordere. Im Lobulus paracentralis erhält zuerst der vordere Abschnitt etwas mehr Markfasern als der hintere.

δ) Faserzüge, aus der Gegend des schalenförmigen Körpers und des centre median (LUYS — Zentralkern des Thalamus FLECHSIG) zu der Gegend des mittleren Drittels der Zentralwindungen, hauptsächlich zur hinteren, zum kleinen Teil zur vorderen (40 cm);

ε) desgleichen aus dem vorderen ventro-lateralen Kern zum unteren Drittel der hinteren Zentralwindung (49 cm);

ζ) aus dem dorso-lateralen Kern zum Fuß der 1. Stirnwindung und zum Gyrus fornicatus — 8^b — daneben (50 cm).

Die Bedeutung aller dieser Leitungen, deren *kortikopetale* Natur hinreichend dadurch bewiesen wird, daß sie vom Linsenkern bez. Thalamus aus gegen die Rinde zu sich entwickeln, läßt sich vorläufig nicht sicher für jede einzelne angeben — wohl aber summarisch, wenn man sich auf die pathologische Erfahrung stützt (TÜRK), daß Zerstörung aller dieser Bahnen zusammen beim Austritt aus der inneren Kapsel totale Hemianästhesie der äußeren Decken, der Gemeingefühle besonders des Schmerzes, wie der Gelenke, Muskeln etc. zur Folge hat. Im einzelnen aber ist

1) Ob es aus Zellen des globus pallidus entspringt, oder von anderen Zentren (Subst. nigra? etc.) herkommt, ist unentschieden.

2) Diese Zahlen bedeuten die Länge des Foetus, bei welchem die betr. Faserzüge zuerst markhaltig gefunden wurden.

es vorläufig unmöglich, die Funktionen der Bündel α bis ζ auseinanderzuhalten. Tatsache ist, daß in den Thalamus von unten her die Hauptschleife, sowie Faserzüge der formatio reticularis und der hinteren Längsbündel etc. eintreten, in welchen man berechtigt ist, Achsenzylinderfortsätze der Hinterstrangkerne[1]), der sensiblen Nervenkerne der Oblongata (Trigeminus, Vestibularis etc.) und von Fasern der Seitenstränge (Gowerssche Bündel) zu erblicken. Dasselbe gilt auch von Fasern der oberen Kleinhirnstiele bezw. Neuriten der Zellen des roten Kerns, welche anscheinend in den ventro- und dorso-lateralen sowie den medialen Sehhügelkern übergehen.

Aus all diesen Erfahrungen geht hervor, daß die Zentralzone zur allgemeinen Körpersensibilität in enger Beziehung steht — und es harmoniert hiermit, daß auch die Felder 15 und 15a schließlich durch mehrere kompakte Bündel (Stabkranzblatt des vorderen Gyrus fornicatus und vorderer Sehhügelstiel) mit dem dorsolateralen und medialen Kern des Sehhügels in ausgiebigste Verbindung treten, sodaß der gesamte[2]) Sehhügel mit Ausnahme des

1) Daß die hinteren Zentralwindungen und die hintersten Abhänge der vorderen, Zentralorgane der Hinterstränge des Rückenmarks darstellen, wie ich mit Hösel zuerst nachgewiesen habe, darf man auch jetzt als feststehend betrachten. Wenn die von Zellen der Hinterstrangkerne ausgehenden Leitungen im Thalamus *großenteils* an Neuronen enden, deren Achsenzylinderfortsätze zu den Zentralwindungen gelangen, so bildet dies keinen Beweis gegen jenen Zusammenhang, ebensowenig wie die „Unterbrechung“ der optischen Bahnen im äußeren Kniehöcker hindert, in der Rinde der fissura calcarina ein Zentralorgan des Nervus opticus zu sehen. Wenn ich *zeitweise* angenommen habe, daß kompakte Bündel der Schleife den Thalamus durchqueren (ohne Einschaltung von Ganglienzellen), so habe ich mich auf pathologisch-anatomische Untersuchungen gestützt. Myelogenetisch hatte ich eindeutige Bilder nie wahrgenommen. Ich habe indes von vornherein mehr Gewicht auf die Tatsache der engen funktionellen Beziehungen gelegt, als darauf, daß ein *direkter* Zusammenhang zwischen Zentralwindungen und Hinterstrangkernen besteht. Die Frage, ein wie großer Teil der Schleifenfasern den Thalamus ohne Unterbrechung durchläuft, halte ich noch *nicht* für endgültig entschieden — besonders was den Menschen anlangt; offenbar kommt nur die Minderzahl in Betracht. Die Experimente am Tier weisen auf *individuelle Variationen* hin (vergl. u.).

2) Mit von Monakow einen „hinteren Kern“ des Sehhügels anzunehmen, erscheint mir ungerechtfertigt, da es ganz unmöglich ist,

primären und sekundären (FLECHSIG) Pulvinars ein Internodium[1]) zwischen den sensiblen Hirn- und Rückenmarksnerven und der Zentralzone bildet. Ich halte es deshalb für zulässig, den Stabkranz der letzteren *a potiori* kurz als „Taststrahlung“ (i. w. S.) zu bezeichnen, wobei von vornherein zu betonen ist, daß die dem Tasten dienenden Leitungen (wie die optische in der Sehstrahlung) von einer Anzahl andersartiger Fasersysteme begleitet werden. Die Myelogenese lehrt, daß sich über den größten Teil der Zentralzone zahlreiche kortikopetale Projektionsfasern verbreiten. Es ist aber vorläufig kaum mit Sicherheit zu entscheiden, wie sich die einzelnen Sensibilitätsqualitäten auf die einzelnen Felder der Zentralzone verteilen (s. u.).

Einen Anhaltspunkt für die Deutung der myelogenetischen Differenzierungen gibt die Tatsache, daß die Zentralzone

---

einen solchen reinlich abzugrenzen. Die fraglichen Zellgruppen gehören dem Grenzgebiet von schalenförmigem Körper, ventro-lateralem Kern und innerem Kniehöcker an. Benachbarte Regionen des Pulvinars stehen zu einem spät reifenden Faserzug des Gyrus hippocampi und des Feldes 6 des Gyrus fornicatus (s. u.) in Verbindung; VON MONAKOW läßt Teile dieser „Kerne“ (einesteils mit der Hauptschleife, andernteils) mit der Rinde des Gyrus angularis in Verbindung stehen, so daß letzterer als das Rindenfeld der Hauptschleife (und somit der Muskelsensibilität etc.) zu betrachten sein würde. Es handelt sich hier um Konstruktionen auf recht unsicherer Basis.

1) Neben dem Pulvinar könnte nur noch der globus pallidus in Betracht kommen, bez. die Substantia nigra. Diese grauen Massen stehen aber gleichfalls mit der Zentralzone in Verbindung, so daß sie die obige Deutung letzterer nicht in Frage stellen. Hiermit erledigt sich auch die Behauptung VON MONAKOWS, ich sei zur Annahme stabkranzfreier Rindenfelder gekommen, weil ich „die Repräsentation“ des Kleinhirns, der substantia nigra und des roten Kerns der Haube in Stabkranz und Rinde außer acht gelassen habe. Man weiß in bezug hierauf wenig mehr, als daß Kleinhirn und roter Kern durch Vermittelung des globus pallidus und Thalamus mit der Großhirnrinde verbunden sind — es fehlt aber *jeder exakte Beweis* dafür, daß die zugehörigen Bündel des Stabkranzes *außerhalb* der Felder 1—15 in der Rinde enden. Und dieser letzte Satz gilt auch für die Stabkranzbündel, welche *direkt* von der substantia nigra bezw. dem roten Kern (DEJERINE) zur Rinde gelangen. Mit der Taststrahlung i. w. S. verlaufen auch Leitungen, welche die *vorderen Vierhügel* mit den Zentralwindungen *direkt* verbinden (in die Gegend von ε S. 87 verfolgbar).

b) auch reich an frühreifen *motorischen* Projektionssystemen ist, daß speziell die Pyramidenbahnen aus ihr hervorgehen, und zwar wie die Myelognose zeigt, ausschließlich aus den Zentralwindungen und dem Lobulus paracentralis. Denn schon zu der Zeit, wo Feld 8 und 8^b markhaltige Fasern noch nicht erkennen läßt, ist die Pyramidenbahn *über ihren gesamten Querschnitt* markhaltig (45 cm). Die Verfolgung ihrer Entwickelung ergibt außerdem, daß sich die Fasern aus dem oberen Drittel der vorderen Z. W. und aus dem Lob. paracentralis früher ummarken, als die Fasern aus dem mittleren Drittel. Die Pyramidenfasern jedes derselben ummarken sich kurz, nachdem die kortikopetalen Fasern des anliegenden Abschnittes der hinteren Zentralwindung Markscheiden erhalten haben. Die späte Entwickelung des unteren Drittels der letzteren bringt es mit sich, daß schon dessen kortikopetale Bündel später Markscheiden erhalten als die motorischen Bahnen der oberen zwei Drittel. Die Markentwickelung an den Zentralwindungen erfolgt also segmentweise, und diese Segmente entsprechen offenbar verschiedenen Körperteilen; da wir nach pathologischen und physiologischen Erfahrungen nicht zweifeln können, daß die oberen Abschnitte der Zentralwindungen zu den Extremitäten in Beziehung stehen, die unteren zur *Kopfregion* bezw. zu den von Facialis und Hypoglossus und anderen motorischen Hirnnerven innervierten Kopfmuskeln, so entwickeln sich die Zentren für die Extremitäten früher als die für die motorischen Gesichtsnerven bez. Kopfnerven. Die motorischen Bahnen der letzteren erhalten (falls DEJERINES Beobachtungen über die Rindenursprünge der ARNOLDschen Bündel des Hirnschenkelfußes richtig sind) weit später Mark (erst gegen den 3. bis 4. Monat!)

Sonach bleibt der von mir aufgestellte Satz, daß die motorischen Bahnen des Stabkranzes nach den sensiblen Markscheiden erhalten, zu Rechte bestehen, jedoch mit der Einschränkung, daß derselbe immer nur für jedes einzelne Rindenfeld gilt (vgl. o.). *Das Prinzip der felderweisen Entwickelung der Leitungsbahnen ist überhaupt das eigentliche Grundprinzip,* welches in zeitlicher Hinsicht die Entwickelung der kortikalen Fasersysteme beherrscht.

Es bedarf aber speziell zum Nachweis dieses Satzes eines größeren Untersuchungsmaterials.

Dieser Ablauf der Markbildung nach Segmenten bringt es mit sich, daß sich die Bahnen keiner in der Zentralzone vertretenen Sinnesqualität in ihrer Gesamtheit gleichzeitig oder binnen eines kurzen Zeitraumes ummarken. Hierdurch entsteht ein *scheinbarer* Widerspruch zu dem myelogenetischen Grundgesetz, der sich vielleicht dahin löst, daß die *verschiedenen Empfindungs- und Bewegungsnerven eines und desselben Körperteils phylogenetisch etc. enger zusammengehören,* als die Repräsentanten derselben Sensibilitätskategorie in *verschiedenen Körperteilen.* Wie dem auch sei, so ist die Zentralzone der einzige Komplex von Primordialgebieten, bei welchem neben der Gliederung der *qualitativ* verschiedenen Leitungsbahnen auch die nach Körper*segmenten* zu berücksichtigen ist. Hierdurch wird der Nachweis völlig scharf umgrenzter elementarer myelogenetischer Felder um so mehr erschwert, als in einem großen Teil der Zentralwindungen mehrere verschiedene kortikopetale Leitungen in den nämlichen Rindenbezirk eindringen und als sich dazwischen bezw. in der Hauptsache dicht daneben die Ursprungszellen motorischer Bahnen finden, welch letztere kurz nach ersterem Mark erhalten, so daß sich die myelogenetischen Grenzen der rein sensiblen Felder alsbald verwischen. Bei Benutzung geeigneter Entwickelungsstufen gelingt es trotzdem festzustellen, daß in allen 3 Segmenten die Reihenfolge der qualitativ verschiedenen Leitungen übereinstimmt und daß auch die Verteilungsweise annähernd gleich ist, indem in allen Höhen die sensiblen Leitungen den vorderen Abhang sowie die Konvexität (Oberfläche) der vorderen Zentralwindungen frei lassen so daß diese letzteren Abschnitte ausschließlich von motorischen Zentren (Ursprünge motorischer Bahnen) eingenommen werden, während die hintere Zentralwindung in ihrem vorderen Abhang und an der Konvexität kompakte Bündel subkortikaler Herkunft (Gelenkempfindungen?) in sich aufnimmt und ganz überwiegend von motorischen Leitungen bezw. Zentren frei bleibt.[1]) Es ergibt sich aber auch, daß in allen Höhen am hinteren Abhang der vorderen Zentralwindung motorische und sensible Leitungen sich mischen, sodaß sich *innerhalb der Zentralfurche*[2]) — aber auch

1) Hieraus folgt ohne weiteres, daß motorische Lähmungen infolge von Erkrankungen der vorderen Zentralwindungen *nicht notwendigerweise* von Sensibilitätsstörungen begleitet sein müssen.

2) Doch gibt es hiervon wenn auch selten Ausnahmen. Bei dem 48 cm langen Knaben sind infolge ungewöhnlicher Lage der Zentralfurche die sensible Zone der hinteren und die motorische der vorderen Z. W. ohne deutliche Abgrenzung in eine einzige breite Windung vereinigt. *Die überaus schmale hintere Zentralwindung enthält nur ganz vereinzelte*

nur hier — eine sensu-motorische Zone ausbreitet. Schon ca. 1 Monat vor der Reife werden hier zahlreiche fibrae arcuatae (als erste ihrer Art) markhaltig, welche beide Zentralwindungen zu einem einheitlichen Ganzen verbinden, bevor noch irgend welche anderen Rindenfelder markhaltige Assoziationsfasern zeigen. Wenn nun alle diese Verhältnisse es mit sich bringen, daß man die Zahl der elementaren myelogenetischen Felder, welche die Zentralwindungen zusammensetzen, nur schwer bestimmen kann, so ist doch andrerseits die myelogenetische Gliederung insofern eine scharf ausgeprägte, als sich in ihr die auf experimentellen bez. pathologischen Wegen gewonnenen Aufschlüsse über die Anordnung der Zentren für die Willkürbewegungen deutlich wiederspiegeln, und es ist schon nach meinen bisherigen Befunden, mit großer Wahrscheinlichkeit zu erwarten, daß bei Untersuchung einer hinreichend großen Zahl von Entwickelungsstufen eine *der funktionellen genau entsprechende myelogenetische Differenzierung gefunden werden wird.*

Indem hiernach an der myelogenetischen Gliederung der Zentralwindungen zwei Faktoren, ein systematischer (Nacheinander verschiedenwertiger Faserzüge) und ein topographischer (Nacheinander zu verschiedenen Körpersegmenten gehöriger Leitungen) Anteil gewinnen, treten vom Beginn der Ummarkung bis zur Beendigung, an den verschiedenen Abschnitten so große zeitliche Unterschiede hervor, daß es ungerechtfertigt erscheinen könnte, das *gesamte* Gebiet der Zentralwindungen mit derselben Nummer zu bezeichnen: für das obere Drittel ist die Nummer 2 sicher gerechtfertigt, dagegen trifft speziell für das untere Drittel die Nr. 2c strenggenommen nicht zu, da in den Feldern 3, 4^a, 4b, ja selbst in 5 und 6 (?) früher markhaltige Fasern sichtbar werden. Ich habe deshalb dem untersten Abschnitt der Zentralwindung neben der (die qualitative Zugehörigkeit zu 2, 2b bezeichnenden) Nr. 2c noch die Bezeichnung 5b gegeben, um die zeitlichen Unterschiede zu markieren. 2b erhält Markscheiden (in der hinteren Zentralwindung) zum Teil sicher vor Nr. 3, sodaß hier eine Inkonsequenz in der Bezeichnung nicht vorliegt. Der motorische Abschnitt vor 2^b tritt dagegen erst nach Nr. 3 in die Markbildung ein, so daß *hier* (im Interesse der Übersicht-

---

Projektionsfasern, obwohl die Taststrahlung numerisch etc. die normale Entwickelung zeigt.

lichkeit, bezw. um nicht funktionell Zusammengehöriges auseinanderzureißen) streng genommen das allgemeine Prinzip der Numerierung nach der wirklichen Zeitfolge durchlöchert wird.

Von der 2. und 3. Stirnwindung gehören nur ganz verschwindende Abschnitte zu der Zentralzone; von der 3. Stirnwindung nur das unterste an der Fossa Sylvii gelegene Dreieck und *mitunter* (*nicht regelmäßig)* ein im Winkel[1]) zwischen sulcus praecentralis und 2. Stirnfurche gelegenes kaum $^1/_2$ qcm großes Segment. In der 2. Stirnwindung findet sich an entsprechender Stelle (zwischen sulcus praecentralis und 1. Stirnfurche) regelmäßig ein um das Doppelte größeres Dreieck. In der Hauptsache gehört der Fuß der 2. wie der 3. Stirnwindung *nicht* zur Zentralzone; ich habe auf meinen früheren Abbildungen in „Gehirn und Seele" die Körperfühlsphäre *zu groß*[2]) gezeichnet. Die in der 1. Frontalwindung und im Gyrus fornicatus gelegenen Teile der Zentralzone, welche ich kurz *frontale Abteilung* derselben nennen will, im Gegensatz zu den die Rolandosche Furche begrenzenden Feldern, welche ich kurz als Rolandosche *Abteilung* zusammenfassen will, lassen eine ähnliche segmentäre Entwickelung erkennen, wie die Zentralwindungen; wie in diesen letzteren die Ummarkung von der Gegend des Lobulus centralis ausgeht, so auch in der frontalen Abteilung. Sehr scharf umgrenzt sind die myelogenetischen Felder 8 und 8b; besonders Nr. 8 zeigt bei allen gerade reifen Früchten genau dieselbe Ausdehnung, 8b variiert in der Längenausdehnung gelegentlich um $^1/_2$ cm. Die Beziehungen dieser Zone zu Thalamuskernen vermag ich nicht völlig klar darzulegen; zur Zeit, wo die Ummarkung der fraglichen Stabkranzbündel beginnt, sind im Thalamus schon sehr zahlreiche andersartige Stabkranzbündel markhaltig. In der Hauptsache

1) Ich finde das *gelegentliche* Vorkommen eines Stabkranzgebietes hier besonders deshalb erwähnenswert, weil bei einigen Anthropoiden dicht vor dieser Gegend ein Zentrum für konjugierte Augenbewegungen durch Reizversuche nachgewiesen worden ist (s. u.). Beim Menschen verschmilzt dieses Zentrum wohl *in der Regel* (?) mit der vorderen Zentralwindung; weiter nach vorn differenziert es sich myelogenetisch *nicht*!

2) Also gerade das Gegenteil von dem, was Hitzig in seinem Rapport für den Pariser Kongreß (1900) behauptet hat. Die Widersprüche, welche Hitzig zwischen meinen verschiedenen Mitteilungen über die Größe der Sinneszentren findet, sind in der Hauptsache von ihm selbst konstruiert worden.

gewinnt man den Eindruck, daß die fraglichen Bündel aus der Gegend des dorso-lateralen Kerns hervortreten. Das Stabkranzbündel für 8b trennt sich schon dicht über dem Balken von dem Stabkranz von 8. Die Felder 15 und 15a zeigen nicht zu allen Zeiten in ihrer ganzen Längsausdehnung dieselbe Entwickelungshöhe; die hinteren Abschnitte führen z. B. bei reifen Früchten, welche zwei Wochen gelebt haben, mehr markhaltige Bündel als die vorderen. Doch wird der Stabkranz von 15a hier schon in der ganzen Länge markhaltig gefunden; die Stabkranzfasern stehen nur vorn am Balkenknie weniger dicht. Dieses mächtige Stabkranzblatt verschmilzt frühzeitig mit dem Primärsystem von 8b. Beide zusammen bilden einen scharf gesonderten Faserzug, dessen Umfang man an Sagittalschnitten[1]) gut überblicken kann. Er dürfte kaum erheblich weniger Fasern zählen als die sensiblen Strahlungen der Zentralwindungen. In Nr. 15 treten Radiärbündel, welche man als Projektionssysteme zu betrachten hätte, im Beginn der Ummarkung nur in der hinteren Hälfte in dichten Reihen auf; an der vorderen Hälfte stehen sie in ziemlich weiten aber regelmäßigen Abständen, so daß hier ähnliche Verhältnisse obwalten wie im unteren Drittel der Zentralwindungen im Beginn der Ummarkung. Diese vorderen Abschnitte von Nr. 15 sind, wie es scheint, ganz besonders das Ziel der im vorderen Sehhügelstiel (aus dem medialen Kern) gegen das Stirnhirn vordringenden Stabkranzbündel, welche sich durch späte Entwickelung auszeichnen.[2])

Die frontale Abteilung der Zentralzone unterscheidet sich von der ROLANDOschen ganz wesentlich durch den Umstand, daß

1) Frontalschnitte sind zur genauen Orientierung unbrauchbar. Ein großer Teil der Irrtümer VON MONAKOWS u. a. beruht auf der überwiegenden Verwendung von Frontalschnitten.

2) Dieselben laufen im Mark des Stirnhirns zum Teil bis dicht an die Rinde des Pols — bei einem 3 Monat alten Kind bis auf 1 mm (!) Entfernung — und biegen dann recht-, ja spitzwinklig um, so daß sie schließlich in Nr. 15, 8 etc. weit entfernt vom Stirnpol enden. Da die Form der Umbiegung selbst bei gleichaltrigen Kindern große, individuelle Variationen zeigt, so ist es keineswegs ausgeschlossen, daß ausnahmsweise Bündel des vorderen Sehhügelstiels auch einmal im Feld 28 *in die Rinde* münden. Angesichts der Variationen, welche man im Verhalten des Fornix zum corpus mamillare bez. zur Fornixkreuzung nachgewiesen hat (EDINGER u. WALLENBERG), wird man auch im Stabkranz mit individuellen Verlaufsschwankungen rechnen müssen (s. u.).

erstere, wie es scheint, zum Hirnschenkelfuß Beziehungen *nicht* hat, daß speziell die Pyramidenbahnen einen Zuwachs aus der frontalen Abteilung nicht erhalten. Auch die Felder der frontalen Zone entsprechen offenbar verschiedenen Körpersegmenten; nach experimentellen Befunden kommt hauptsächlich der *Rumpf* in Betracht und auch für den Menschen liegen dahinzielende Beweise vor. Vielleicht beruht es auf einem tieferen Zusammmenhang, daß die frontale und Rolandosche Abteilung annähernd gleich lang sind, ja (in Anbetracht der Tiefe der Rolandoschen Furche) an Flächengehalt übereinstimmen. Weitaus die Hauptmasse der frontalen Abteilung liegt an der *Innenfläche* der Hemisphäre.

Sucht man sich eine Vorstellung zu machen, wie sich die verschiedenen Sensibilitätskategorien über die gesamte Zentralzone verbreiten, so würde man vor allem auszuschließen haben, daß irgend ein *anderes* Rindenfeld mit der allgemeinen Sensibilität zu tun hat. Tatsächlich kommen hier nur die Felder Nr. 6 (Gyrus fornicatus hinten) und Nr. 4^b (Gyrus hippocampi) in Betracht, da sie ein Stabkranzblatt aus dem hinteren Teile der inneren Kapsel erhalten. Doch liegen beim Menschen Beweise für Beziehungen dieser Bündel zur Haut- und Muskelsensibilität vorläufig nicht vor (vergl. d. hippocamp. Zone). Für die Rolandosche Abteilung (bez. für die ganze Zentralzone) ist nur ein annähernd regelmäßig bei gewissen Rindenverletzungen wiederkehrendes sensibles Symptom[1]) bekannt, welches physiologische Schlüsse gestattet: Die Aufhebung des stereognostischen Sinnes der Hand bei Verletzungen des mittleren Drittels der Zentralwindungen. Die klinische Analyse ergibt, daß hierbei in der Regel die Sensibilität der Fingergelenke (Wahrnehmung passiver Bewegungen) und der Ortssinn der Haut besonders leidet (es kommt meiner Erfahrung nach keineswegs in erster Linie die Lähmung der Finger in Betracht, wie Ferrier will), während schmerzhafte Reize und tieferer Druck noch empfunden werden. Hieraus darf man schließen, daß *gewisse Komponenten* des Tastsinnes in der Rolandoschen Abteilung der Zentralzone lokalisiert sind, Komponenten, welche am Tier überhaupt nicht genauer geprüft werden

---

1) Dieses Symptom wird nicht, wie Hitzig behauptet, *selten* bezw. nur ausnahmsweise gefunden; es ist vielmehr bei Verletzungen des mittleren Drittels der Zentralwindungen, besonders der hinteren, *in der Regel* — ja wohl ausnahmslos vorhanden.

können und auch am Menschen leicht übersehen werden, wenn man nicht speziell nach ihnen sucht. Ich habe deshalb früher die ROLANDOsche Abteilung der Zentralzone speziell als Tastsphäre bezeichnet. Ich möchte diese Bezeichnung insofern nicht als völlig erschöpfend hinstellen, als offenbar *nicht alle* Komponenten des Tastsinnes hier lokalisiert sind. — Schmerzen und tieferer Druck könnten nach den Experimenten von FERRIER, HORSLEY, SCHÄFER, BEEVOR durch die frontale Abteilung, insbesondere den Gyrus fornicatus, daselbst vermittelt werden. Der Ausdruck Körperfühlsphäre, welchen ich früher im Anschluß an MUNK für die gesamte Zentralzone gewählt habe, dürfte nur für einzelne Abschnitte sich eignen. Inwiefern sich die frontale und die ROLANDOsche Abteilung der Zentralzone wenigstens partiell funktionell vertreten können, muß durch weitere Untersuchungen festgestellt werden.

Was die *Struktur der Rinde* in der Zentralzone anlangt, so ist dieselbe nicht überall eine gleichmäßige. An spezifischen Elementen besitzt die Zone vor allem die *Riesenpyramiden* — die Tasten für die *willkürliche* Erregung der quergestreiften Muskulatur und nach RAMON Y CAJAL große Mengen dicker exogener *(sensibler) Fasern von spezifischer Verzweigungsweise,* wie sie angeblich sonst nirgends in der Rinde vorkommt. In bezug auf die Riesenpyramiden besteht eine ausgeprägte Ungleichmäßigkeit der Verteilung; dieselben fehlen im größten Teile der hinteren Zentralwindung (besonders an vielen Stellen, wo sich sensible Endverzweigungen in großer Menge finden), desgleichen im Gyrus fornicatus mit Ausnahme des oberen Randes von 8^b und im Felde 15. Im Felde 15^a finden sich als charakteristische Elemente vor allem die von W. VON BRANCA zuerst nachgewiesenen *Riesenspindeln* (besonders an der unteren Grenze der mittelgroßen Pyramiden). Vorhanden sind die Riesenpyramiden in der vorderen Zentralwindung, an ganz vereinzelten Stellen des vorderen Abhanges der hinteren, im Lobulus paracentralis, in den kleinen zur Zentralzone gehörigen Feldchen der 2. und 3. Stirnwindung, sowie im Fuße der 1. Stirnwindung (8).

Daß sich die von RAMON Y CAJAL aufgefundenen *spezifischen* Endplexus gleichmäßig über die ganze Zentralzone ausbreiten, halte ich *nicht* für sicher erwiesen. RAMON selbst hat sie zunächst nur in der vorderen Zentralwindung aufgefunden, hält aber ihr Vorkommen in der ganzen sensu-motorischen Zone (beider Zentralwindungen) für höchstwahrscheinlich, was mit meinen entwickelungsgeschichtlichen Befunden einesteils insofern in Widerspruch steht, als ich im Bereiche der Riesenzellen vielfach nur sehr wenig kortikopetale Fasern nachweisen konnte, anderenteils insofern übereinstimmt, als ältere Föten etc. das Vorkommen zahlreicher kortikopetaler Leitungen in allen übrigen Regionen der Zentralzone deutlich erkennen lassen. Die hintere Zentralwindung zeigt unter normalen Verhältnissen, d. h. wenn sie nicht durch ungewöhnliche Lage des sulcus Rolandi und sulcus interparietalis sehr schmal ausfällt[1]), in einem Teile der Längenausdehnung 2 Zonen verschiedenen Baues, am vorderen Abhange und auf der Konvexität die sensiblen Plexus, *auf dem hinteren Abhange ausschließlich dem Assoziationssystem angehörige Elemente.* Die Rindenstruktur in der Zentralzone entbehrt so keineswegs charakteristischer Merkmale; nur bedarf es zur Feststellung der Grenzen, welche innerhalb derselben auftreten, subtilerer Untersuchungen, als dies in der Seh-, Riech- und Schmecksphäre der Fall ist. Vielleicht liegt hier ein nichtzufälliger Parallelismus zu den peripheren Endorganen vor. Die Endverzweigungen der sensiblen Nerven der Haut, der Muskeln, des Gemeingefühls etc. haben wenigstens zum größten Teile wenig Spezifisches, im Verhältnis zur Netzhaut, der SCHNEIDERschen Membran etc. Man wird deshalb von vornherein scharf ausgeprägte Sonderzüge im Bau der kortikalen Zentren der sensiblen Haut-, Muskel- etc. Nerven überhaupt nicht erwarten dürfen. Die Abgrenzung dieser Zentren gelingt aber in durchaus befriedigender Weise durch Klarlegung ihrer Projektionssysteme, und hierzu ist die myelogenetische Methode ganz besonders, ja in bezug auf feinere Details ausschließlich geeignet.

d) Die Zone, welche ich nach der hauptbeteiligten Windung als *hippokampische* bezeichnen will, umfaßt zunächst den Uncus (4^a) in ganzer Ausdehnung sowie das Cornu Ammonis nebst subiculum (die Außenfläche des Gyrus hippocampi im distalen Abschnitte scheidet aus). Die zum Schläfenlappen gelangende Portion des Tractus olfactorius verbreitet sich (soweit sie frühzeitig markhaltig erscheint) nur über einen Teil des Uncus und zwar im

1) Ungewöhnliche Lagen der Furchen, seltner der ROLANDOschen, häufiger des sulcus callosomarginalis bringen es mit sich, daß gelegentlich die hintere Zentralwindung reicher an Riesenzellen oder *ganz* frei davon gefunden wird, andererseits im vorderen Abschnitte des Praecuneus solche in größerer Menge sich zeigen, vergl. Fig. 7 und 8 Taf. IV.

stratum zonale. Es entwickelt sich bald darnach ein umfänglicher Faserzug (ich will ihn kurz System β[1]) des Uncus nennen), welcher von der Innenfläche der Uncusrinde zum Ammonshorn verläuft und teils in das Mark des Subiculum, teils in den Alveus eindringt; letztere Fasern enden im Ammonshorn und berühren sich hier mit den Endverzweigungen eines frühreifenden kortikopetalen (?) Bündels des Fornix inferior, welches von der Fimbria her in den Alveus eintritt und allem Anscheine nach aus der Lamina perforata anterior kommt.[2]) System β ist insofern von hohem Interesse, als es (nächst (?) dem Fornix longus und dem primären Cingulum — s. o.) der erste Faserzug der hippokampischen Zone ist, welcher seinem Ursprung und Ende nach als Assoziationssystem aufzufassen ist. Erst mit Ummarkung des Systems β und des sensiblen Fornix inferior treten im Ammonshorn bez. im Subiculum markhaltige Fasern auf; es gesellen sich alsbald die Faserzüge des Fornix longus hinzu und *ein aus dem hintersten Teile* der inneren Kapsel hervorgehendes *Stabkranzblatt*, welches zwar im wesentlichen im Felde 6 des Gyrus fornicatus endet, einzelne Bündel aber auch, wie es scheint, zum Ammonshorn schickt. Schon bei $9^1/_2$monatlichen Früchten sind so nicht weniger als 4 verschiedene kortikopetale Leitungen im Ammonshorn markhaltig.[3]) Der Hauptteil des Fornix inferior (welcher in Anbetracht seines Ursprunges aus den großen Pyramidenzellen des Ammons-

---

1) Dieses System habe ich zuerst beschrieben in diesen Berichten (Math.-phys. Kl.) 1894, S. 164ff. Das Rindenfeld, aus welchem es hervorgeht (zwischen 4^a und 4^b), ist wohl identisch mit RAMON Y CAJALS Spheno-occipitalem Ganglion.

2) Von der Lamina perf. anter. (Thalamus) her legt sich später auch ein Bündel an die basale Sehstrahlung an, da wo letztere im Schläfenlappen mit nach vorn gerichteter Konvexität nach hinten umbiegt. Diese Fasern (unterer Sehhügelstiel?) gelangen vielleicht in den vorderen Teil des Subiculum cornu Ammonis.

3) Viel später, gegen den 3./4. Monat hin, gesellen sich dazu zwei weitere umfängliche Faserzüge, deren einer zum hinteren oberen Stabkranz des Sehhügels gehört, während der andere als sekundäres Cingulum (FLECHSIG) längs dem Gyrus fornicatus zum vorderen Sehhügelstiel verfolgt werden kann. Letzteres (nach rückwärts degenerierend) bildet den Hauptbestandteil des eigentlichen (kompakten) Cingulum und ist ein Projektionssystem des Thalamus, wie ich bereits 1897 (Neurolog. Zentralblatt Nr. 7) nachgewiesen habe. RAMON Y CAJAL (Riechrinde) ist (ohne meine Arbeit zu kennen) zu demselben Resultat gelangt.

horns mit Sicherheit als motorisch zu betrachten ist) erhält mehr als 3 Monate später Markscheiden.

Bei dem Ursprunge des Systems β aus der Riechsphäre liegt die Deutung nahe, daß dasselbe der frühreifenden Gegend des Ammonshorns Geruchseindrücke zuführt. Da aber andererseits bei Unterbrechung der den Balkenwulst umgebenden Windungsabschnitte bez. Faserbündel wiederholt auf der gekreuzten Zungenhälfte Aufhebung des Geschmacks gefunden worden ist, so gelangen wohl von hinten her zur hippokampischen Zone auch Faserzüge, welche Geschmackseindrücke[1]) leiten; ich vermag vorläufig nicht zu entscheiden, welcher Teil der Gesamtzone diese Bahnen aufnimmt. Würde das Ammonshorn in Betracht kommen, so würde das System β die Funktion haben können, Geruchseindrücke auf die Schmecksphäre zu übertragen. System β könnte dann funktionell geradezu als ein projizierendes Assoziationssystem bezeichnet werden. Doch läßt sich auch daran denken, daß es Erregungen der Riechsphäre auf die Ursprünge des motorischen Fornix inferior überträgt.

Was das Rindenfeld 6 anlangt, so entwickelt es sich fast gleichzeitig mit dem Subiculum des Ammonshorns und bildet so anscheinend eine direkte Fortsetzung des letzteren. Es zeigt auch bei Erwachsenen in seinem überaus starken Stratum zonale die größte Ähnlichkeit mit dem Subiculum cornu Ammonis. Möglicherweise enden[2]) in Feld 6 auch Fasern des primären Cingulum und des Fornix longus; man sieht solche wenigstens nahe herantreten und verschwinden, wie auch Teile des Bündels β, welche über den Balkenwulst heraufziehen. Die *Hauptmasse* der in die Rinde von Nr. 6 eintretenden Fasern bilden aber die bereits oben erwähnten Stabkranzbündel aus der hinteren inneren Kapsel. Welche Funktion dieselben haben, muß ich vorläufig dahingestellt sein lassen. Der Verlauf der fraglichen Bündel speziell im hinteren Teile der inneren Kapsel legt die Frage nahe, ob man es nicht mit Leitungen der Hautsensibilität bez. des Gemeingefühls im Sinne FERRIERS zu tun hat (oder Geschmack? s. o.). Doch kann man auf Grund klinischer Erfahrungen (s. u.) eine bestimmte Entscheidung nicht treffen. Was die Herkunft jener Stabkranzfasern

1) Vielleicht nur *eine* der Leitungen für Geschmackseindrücke (*einzelne* Qualitäten?)

2) Nach RAMON Y CAJAL entspringen sie hier.

anlangt, so gehen sie aus dem Thalamus opticus hervor und zwar das Primärsystem aus dem Grenzgebiete des Pulvinar gegen den ventro-lateralen Kern und schalenförmigen Körper (FLECHSIG) (ein 2. spätes System steht zum Pulvinar in Beziehung).

Der Pol des Schläfenlappens enthält auf der Innenfläche ein Feld, welches frühzeitig (Nr. 10) markhaltig wird. Die ersten markhaltigen Fasern kommen wenigstens zum Teil scheinbar aus der Rinde des Uncus (Assoziationssystem?), andere machen den Eindruck von Projektionssystemen, insofern sie aus der „Sehstrahlung" hervortreten. Das ganze Feld zeigt im Bau Ähnlichkeit mit der Basis der Insel, welche Zonalfasern aus dem äußeren Riechstreifen erhält, und dem Uncus. Der fragliche Rindenabschnitt, der nur wenig über den Schläfenpol sich nach außen erstreckt, macht so den Eindruck eines zur Riechsphäre in naher Beziehung stehenden Feldes. Doch ist Sicheres nicht anzugeben.

Die hippokampische Zone zeigt überaus charakteristische Rindenstrukturen; besonders dem Subiculum cornu Ammonis geben die insel- bez. knospenförmigen Zellhaufen[1]) im Stratum zonale ein schon makroskopisch sichtbares spezifisches Gepräge, welches gegen den äußeren Teil des Gyrus hippocampi scharf abgesetzt endet. Die Grenze beider Typen ist vielfach linienförmig — wie auch am ausgebildeten Organ das Stratum zonale eine überaus scharfe Abgrenzung dieser Zone gegen die andersartigen Felder der Umgebung ermöglicht. Beim reifen Neugeborenen sind letztere absolut marklos, im Gegensatz zu ersterer.

Das Feld 11 ist größtenteils in der *frontalen Querwindung*[2]) (FLECHSIG) gelegen und bei geschlossener Fossa Sylvii wenig sichtbar. Das Primärsystem desselben besteht aus Bündeln, welche aus der Gegend der Lamina perfor. ant.[3]) bezw. des Linsenkerns hervortreten. Ihren wirklichen Ursprung konnte ich nicht feststellen. Ihre späte Entwickelung spricht mehr gegen Beziehungen zum Riechapparat. Denn der letztere zeigt (den Fornix inf. aus-

1) Bezüglich aller Details verweise ich auf RAMON Y CAJALS Riechrinde.

2) Diese bisher kaum beachtete Windung zieht vom Außenrand des orbitalen Teils der 3. Stirnwindung zur vorderen Inselgrenze und liegt ganz in der Fossa Sylvia verborgen. Sie ist geradezu das Pendant zur temporalen Querwindung, welche die Insel von hinten begrenzt.

3) *Später* (3. Monat) lassen sich zahlreiche Fasern in senkrechtem Verlauf von dem *dorsalsten* vorderen Abschnitt der inneren Kapsel (Stabkranz?) zum Feld 11 und 11^b (Fig. 5) verfolgen.

genommen) eine evidente Gesetzmäßigkeit in der Reihenfolge der Ummarkung seiner sekundären Bahnen; man beachte nur, daß das aus der Lamina perfor. anter. hervorgehende primäre Cingulum und der pedunculus septi pellucidi früher markhaltig werden, als das System β des Uncus — entsprechend der Tatsache, daß die Olfactoriusbündel zur Lamina perf. ant. sich früher ummarken als die Olfactoriusbündel zu dem, einen Teil des Pallium darstellenden Uncus.

Sucht man hiernach die oben aufgeworfene Frage zu beantworten, ob unter den primären Sinnessphären reifer Früchte *alle* Rindenfelder enthalten sind, welche durch Projektionssysteme mit peripheren Sinnesorganen bez. Sinnesnerven in relativ direkter Verbindung stehen — bezw. ob eventuell nach der rechtzeitigen Geburt noch irgend eine Vergrößerung der primären Sinnessphären durch Ummarkung weiterer Sinnesleitungen eintritt — so ist letztere Frage (abgesehen von Feld 15a und 15) meines Erachtens *zu verneinen*. Die sich den primären Sinnessphären angliedernden Felder haben allenthalben eine so *abweichende* Struktur[1]), daß man dieselben *schon deshalb* nicht ohne zwingenden Grund als spätentwickelte Teile jener Sinnessphären betrachten darf. Selbst wenn gelegentlich ein aberriertes Bündelchen oder einzelne Fasern einer Sinnesleitung in die nächstanliegenden „Randzonen" verfolgt werden können, so folgt daraus noch nicht, daß diese Randzonen gesetzmäßige integrierende Bestandteile der primären Sinnessphären darstellen und daß sich *aus beiden* eine kompliziertere Form Sinnessphären aufbaut. Denn die in Randzonen gelangenden Fasern sensibler Leitungen sind nicht nur an Zahl verschwindend, sondern sie stellen auch nicht einmal gesetzmäßige[2])

---

1) Einschließlich der Verzweigungen kortikopetaler Fasern in der Rinde — vergl. Ramon y Cajal Bewegungsrinde Figg. 30 und 31.

2) Einzelne aberrierte Fasern von Sinnesleitungen sind funktionell offenbar mehr oder weniger bedeutungslos. So sah ich bei dem 54 cm langen Mädchen *eine* Faser der primären Sehstrahlung mitten in das Feld 36 zur 3. Temporalwindung gelangen und hier bis in die Rinde vordringen. Was soll diese eine Faser (die ich an keinem andern Gehirn nachweisen konnte) unter den Millionen andersartiger Fasern dieses hohen Zentrums für Wirkungen erzielen können? Auf derartige Vorkommnisse hin meine Einteilung der Hirnoberfläche als „widerlegt" anzusehen, heißt zweifellos das Unwesentliche gegenüber dem Wesentlichen in dem Vordergrund zu stellen.

Bestandteile der Randzonen dar; sie variieren[1]) offenbar an Zahl und fehlen gelegentlich auch gänzlich. Auch münden solche aberrierte Fasern häufig nach allerhand Irrfahrten doch noch in ihr reguläres Rindenfeld ein, z. B. Bündel der Taststrahlung, welche im Stabkranz unter die hintersten Abschnitte des Feldes Nr. 16[2]) gelangt sind, selbst tief hinein in das Mark der 1. Parietalwindung, kehren in fast spitzem Winkel um und gelangen nun doch noch in die hintere Zentralwindung. Es würde ganz falsch sein, aus dem Vorkommen einzelner Sinnesfasern selbst in allen Randzonen zu schließen, daß jede Sinnesstrahlung dergestalt zu einer umfänglicheren Rindenzone in Beziehung tritt, daß sie an den zentralen Teil derselben zahlreiche dichtgedrängte Bündel abgibt, an die Peripherie wenige zerstreute Einzelfasern, sodaß also in jeder derartigen Sinnessphäre ein an Sinnesleitungen reiches Zentrum (primäre Sinnessphäre) und ein an solchen armes peripheres Gebiet (Randzone) zu unterscheiden sein würde. Für das Vorhandensein dieses Typus lassen sich *überzeugende* Beweise *nicht* erbringen. Die Felder, in welche einzelne aberrierte Elemente der Sinnesleitungen eintreten, stimmen in allen übrigen, d. h. wesentlichen Punkten (a potiori) mit den Assoziationszentren überein.

Innerhalb der letztern finden sich im Verlauf der Markbildung häufig einzelne Fasern oder kleinste Bündelchen (zu 2—5 Fasern), welche man ihrer unregelmäßigen Anordnung nach auf den ersten Blick für atypisch halten könnte, die in Wirklichkeit aber in der *Zeit ihres Auftretens strengen Gesetzen* folgen. Sie haben die Bedeutung von Vorläufern größerer Faserzüge. Es deutet das Auftreten derselben in einem *neuen* Feld in der Regel darauf hin, daß letzteres direkt vor der Ummarkung weiterer größerer Fasermassen steht; selbst die gleichwertigen Elemente eines Rindenfeldes ummarken sich nicht *alle*, sondern nur zum Teil wirklich gleichzeitig, im übrigen nur rasch nacheinander innerhalb eines gewissen Zeitraumes. Mein myelogenetisches Grundgesetz wird hierdurch nicht erschüttert; der Begriff der *annähernd* (nicht der absolut) gleichzeitigen Entwickelung gleichwertiger Elemente liegt ihm zugrunde. In den elementaren Rindenfeldern, insbesondere 16—36 treten demgemäß einzelne markhaltige

---

1) Sie sind aber naturgemäß zahlreicher in den Randzonen als in den Zentralgebieten, weil erstere den Projektionsbündeln der Sinnessphären im allgemeinen näher liegen, sodaß aberrierte Fasern letzterer leichter in sie hineingelangen.

2) Vergl. Fig. 7 Taf. IV hinter 2.

Fasern in derselben Reihenfolge auf, in welcher die Differenzierung der Felder im ganzen und großen sich abspielt. Eine Ausnahme machen eben nur aberrierte bez. irreguläre Elemente des Projektionssystems in manchen Randzonen, aber auch nur in bezug auf den Ort ihres Auftretens, nicht in bezug auf die Zeit der Ummarkung, die für jede einzelne Faser *eine streng gesetzmäßige*[1]) ist.

(Fortsetzung — pathologische und experimentelle Methoden behandelnd — folgt.)

Tafel-Erklärung.

Taf. I. Die Ausbreitung der markhaltigen Fasern in den Großhirnwindungen eines *rechtzeitig* geborenen Mädchens (52 cm Körperlänge). Nur an den punktierten Stellen finden sie sich in bezw. unter der Rinde. Die Ziffern bezeichnen die Reihenfolge der Ummarkung.

Fig. 1. Außen- } Fläche der Gehirnhemisphären.
„ 2. Innen- }
Fossa Sylvii durch Herabdrücken des Schläfenlappens geöffnet.

1) Diese Verhältnisse sind speziell von C. und O. Vogt verkannt und falsch dargestellt worden; bei oberflächlicher Untersuchung erwecken die Befunde einzelner markhaltiger Fasern in sonst marklosen Feldern leicht den Eindruck des Gesetz- und Regellosen. Bei sorgfältiger Durcharbeitung ganzer Schnittserien erkennt man die Gesetzmäßigkeit. Leichter ist dies natürlich an Fasersystemen einheitlicher Natur, welche eine kompakte Masse bilden und auf dem Querschnitt untersucht werden können, wie z. B. die Pyramiden des verlängerten Markes mit ihrer scharfen Kontur. Bei einem 42 cm langen Foetus fand ich auch nicht eine Faser der Pyramidenbahnen markhaltig, bei einem 43 cm langen zahlreiche, aber noch nicht die Hälfte, bei einem 45 cm langen sämtliche Fasern. Zwischen dem ersten Auftreten markhaltiger Fasern und der Ausbreitung der Ummarkung über den gesamten Querschnitt der Pyramide liegt also vielleicht ein Zeitraum von Wochen. Aber trotzdem darf man daraufhin nicht ohne weiteres sagen, daß gleichwertige Fasern beträchtliche Zeitunterschiede der Entwickelung erkennen lassen. Denn nach den Befunden im centrum semiovale gehören ja die ersten Bündel, wenigstens größtenteils dem oberen, die letzten dem mittleren Drittel der vorderen Zentralwindung an, also Regionen von verschiedener Spezialfunktion (Gehbewegungen, Greifbewegungen etc.). Dringt man so tiefer und tiefer in die Bedeutung der sukzessiven Ummarkung von Elementen desselben Faserzuges ein, so wird man sich mehr und mehr von der Allgemeingültigkeit meines myelogenetischen Grundgesetzes wenigstens nach den Hauptgrundzügen überzeugen.

Fig. 7. Querwindung des Schläfenlappens (Hörsphäre).
„ 11. Gyrus frontalis transversus } (FLECHSIG).
„ 12. Gyrus subangularis }

Taf. II. Von einem 54 cm langen totgeborenen Mädchen. Ein Teil (6) der Randzonen markhaltig. Statt 2^a 2 2^b l. 2 2^b 2^c.
Fig. 13. Gyrus supraangularis (FLECHSIG).

Taf. III. Die primären Sinnessphären und die 2. Gruppe der *Primordialgebiete* (9—13) durch Punktierung hervorgehoben. Außerhalb dieser Gebiete ist ein Stabkranz *nicht* mit Sicherheit nachgewiesen; eventuell kommen noch der Rest der 1. Schläfenwindung (14, 14^b Fig. 3) und des Gyrus hippocampi in Betracht. Die übrigen Windungen Assoziationszentren (Randzonen *und* Zentralgebiete).

Taf. IV. Sagittalschnitte durch zwei menschliche Gehirne an der Grenze der 1. und 2. Stirnwindung, WEIGERT-PAL-Präparate.
Fig. 7. Dolichokephales Gehirn des 52 cm langen Mädchens.
„ 8. Gehirn eines Knaben, welcher ca. $^1/_2$ Monat zu früh geboren war und 3 Wochen gelebt hat, insgesamt also etwa das Alter eines reifen Kindes erreicht hat — brachykephaler Typus.

R. ROLANDOsche Furche.
a. vordere } Zentralwindung.
b. hintere }
pu Putamen des Linsenkerns.
2. Schrägschnitt der „Taststrahlung i. w. S.“, bis unter den Gyrus angularis reichend.
4. Mandelkern.
4^b. (Darüber) System β des Uncus — subiculum cornu Ammonis.
5. Schrägschnitt der primären Sehstrahlung — in Fig. 8 zusammengedrückt. Die nähere Erklärung im Text (2. Abt.).

In Nr. 8 gelangen bei *sehr gut entwickelter* „Taststrahlung“ nur *ganz vereinzelte* Fasern derselben in die freiliegende Konvexität der hinteren Zentralwindung; in Nr. 7 geht der *größte Teil* der Taststrahlung zur freien Konvexität der hinteren Zentralwindung. Der Hauptgrund dieser individuellen Differenz ist gegeben in der verschiedenen Lage der ROLANDOschen Furche.

Druckfertig erklärt 30. III. 1904.]

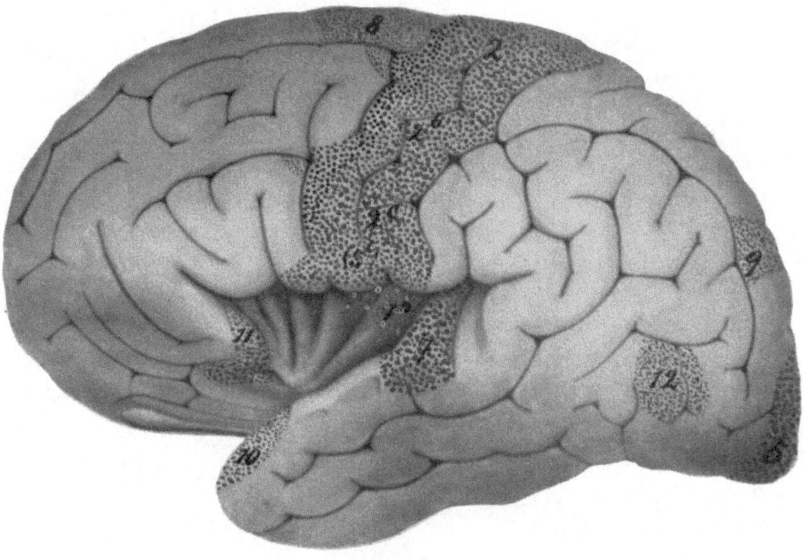

Fig. 1.

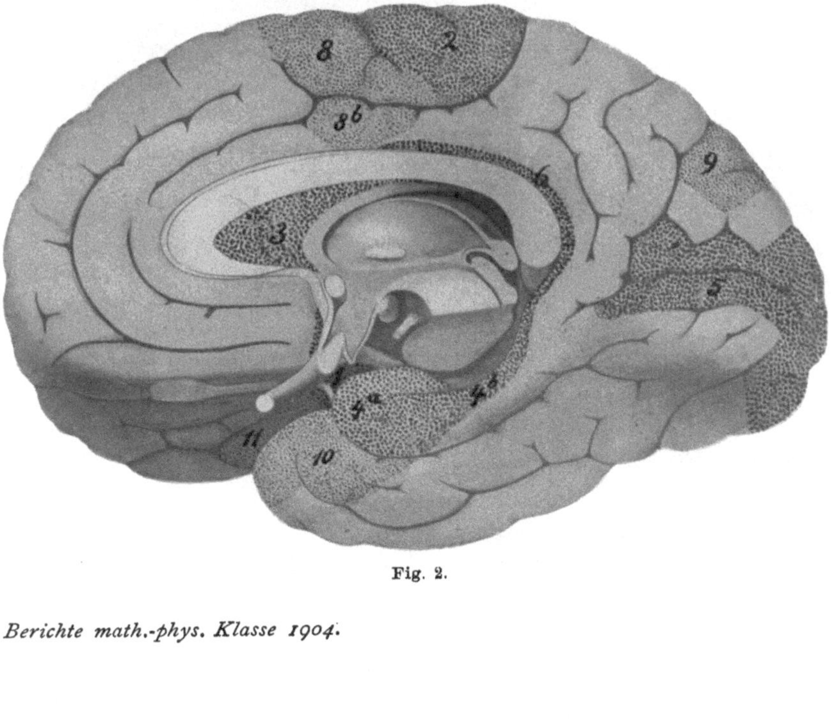

Fig. 2.

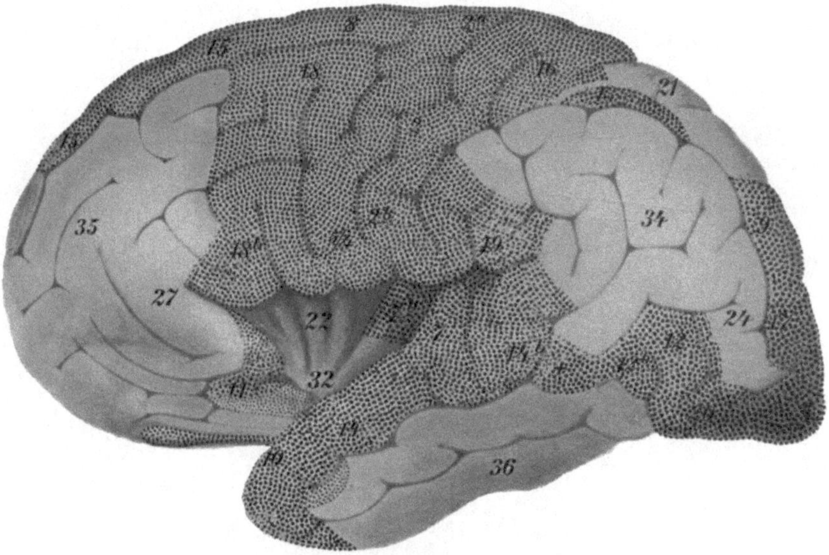
15
8
21
35
34
27
22
32
24
12
14
11
36

Fig. 3.

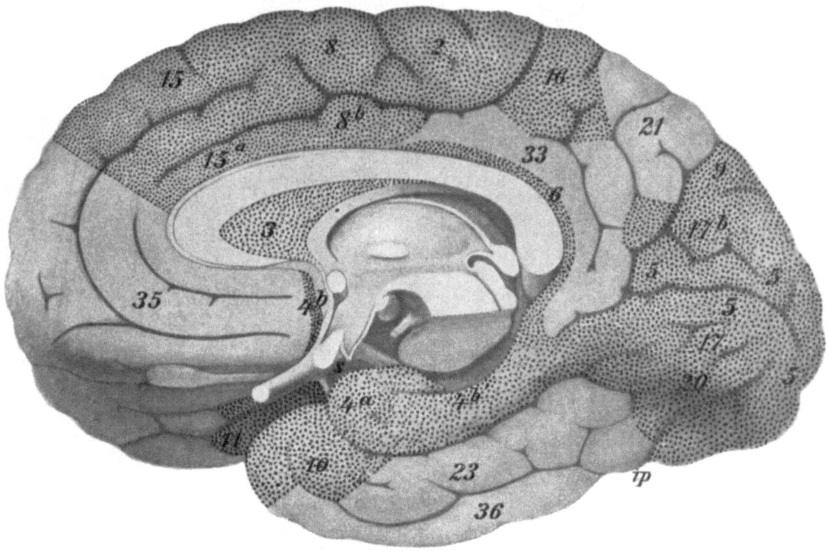
15
8
2
16
21
15a
33
6
9
3
35
5
17
20
11
10
23
36
ip

Fig 4.

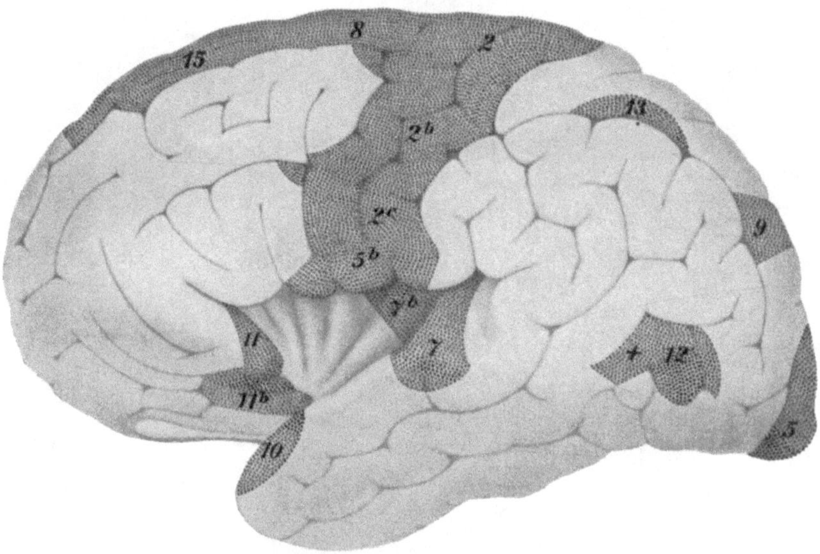

Fig. 5.

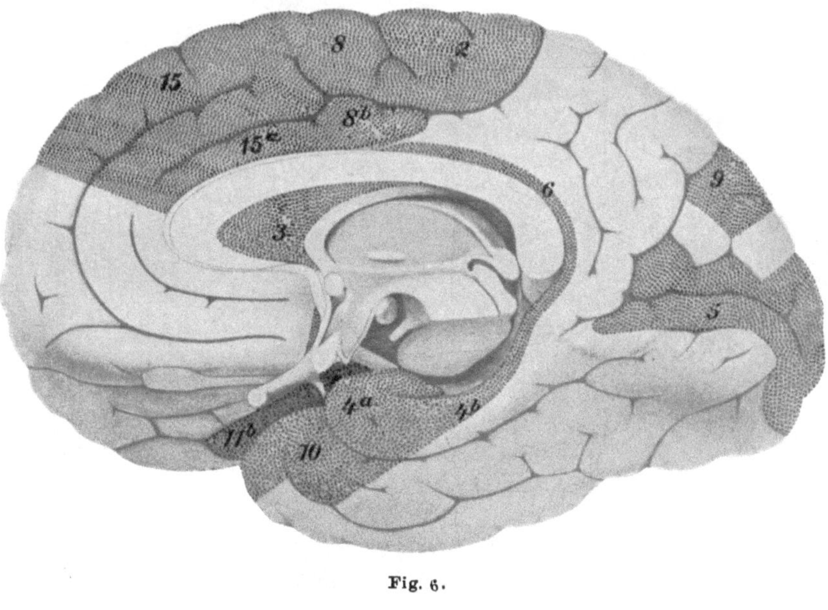

Fig. 6.

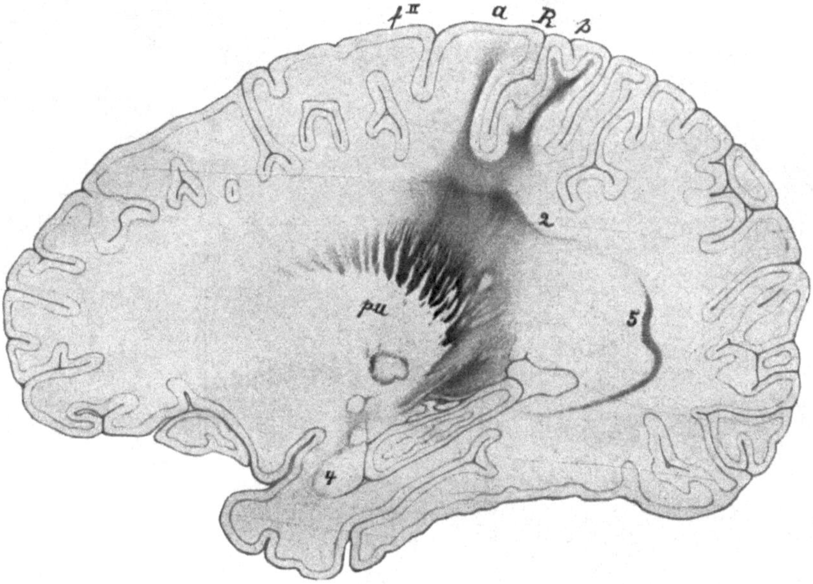

Fig. 7.

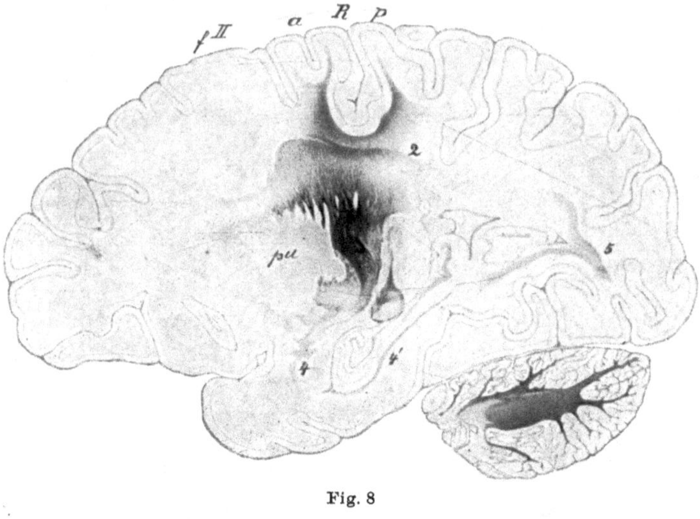

Fig. 8

MIX
Papier | Fördert gute Waldnutzung
FSC® C083411

Zeitfracht Medien GmbH
Ferdinand-Jühlke-Straße 7
99095 Erfurt, Deutschland
produktsicherheit@kolibri360.de